Fouad Belhora
Abdelowahed Hajjaji

Récupération d'énergie des systèmes couplés multiphysiques

AF004636

Fouad Belhora
Abdelowahed Hajjaji

Récupération d'énergie des systèmes couplés multiphysiques

à l'aide d'électret

Presses Académiques Francophones

Imprint

Any brand names and product names mentioned in this book are subject to trademark, brand or patent protection and are trademarks or registered trademarks of their respective holders. The use of brand names, product names, common names, trade names, product descriptions etc. even without a particular marking in this work is in no way to be construed to mean that such names may be regarded as unrestricted in respect of trademark and brand protection legislation and could thus be used by anyone.

Cover image: www.ingimage.com

Publisher:
Presses Académiques Francophones
is a trademark of
International Book Market Service Ltd., member of OmniScriptum Publishing Group
17 Meldrum Street, Beau Bassin 71504, Mauritius

Printed at: see last page
ISBN: 978-3-8416-3452-8

Zugl. / Agréé par: Lyon, INSA de Lyon, 2013

Copyright © Fouad Belhora, Abdelowahed Hajjaji
Copyright © 2015 International Book Market Service Ltd., member of OmniScriptum Publishing Group
All rights reserved. Beau Bassin 2015

INSA Direction de la Recherche - Ecoles Doctorales – Quinquennal 2011-2015

SIGLE	ECOLE DOCTORALE	NOM ET COORDONNEES DU RESPONSABLE
CHIMIE	**CHIMIE DE LYON** http://www.edchimie-lyon.fr Insa : R. GOURDON	M. Jean Marc LANCELIN Université de Lyon – Collège Doctoral Bât ESCPE 43 bd du 11 novembre 1918 69622 VILLEURBANNE Cedex Tél : 04.72.43 13 95 directeur@edchimie-lyon.fr
E.E.A.	**ELECTRONIQUE, ELECTROTECHNIQUE, AUTOMATIQUE** http://edeea.ec-lyon.fr Secrétariat : M.C. HAVGOUDOUKIAN eea@ec-lyon.fr	M. Gérard SCORLETTI Ecole Centrale de Lyon 36 avenue Guy de Collongue 69134 ECULLY Tél : 04.72.18 65 55 Fax : 04 78 43 37 17 Gerard.scorletti@ec-lyon.fr
E2M2	**EVOLUTION, ECOSYSTEME, MICROBIOLOGIE, MODELISATION** http://e2m2.universite-lyon.fr Insa : H. CHARLES	Mme Gudrun BORNETTE CNRS UMR 5023 LEHNA Université Claude Bernard Lyon 1 Bât Forel 43 bd du 11 novembre 1918 69622 VILLEURBANNE Cédex Tél : 06.07.53.89.13 e2m2@univ-lyon1.fr
EDISS	**INTERDISCIPLINAIRE SCIENCES- SANTE** http://www.ediss-lyon.fr Sec : Samia VUILLERMOZ Insa : M. LAGARDE	M. Didier REVEL Hôpital Louis Pradel Bâtiment Central 28 Avenue Doyen Lépine 69677 BRON Tél : 04.72.68.49.09 Fax :04 72 68 49 16 Didier.revel@creatis.uni-lyon1.fr
INFOMATHS	**INFORMATIQUE ET MATHEMATIQUES** http://infomaths.univ-lyon1.fr Sec :Renée EL MELHEM	Mme Sylvie CALABRETTO Université Claude Bernard Lyon 1 INFOMATHS Bâtiment Braconnier 43 bd du 11 novembre 1918 69622 VILLEURBANNE Cedex Tél : 04.72. 44.82.94 Fax 04 72 43 16 87 infomaths@univ-lyon1.fr
Matériaux	**MATERIAUX DE LYON** http://ed34.universite-lyon.fr Secrétariat : M. LABOUNE PM : 71.70 –Fax : 87.12 Bat. Saint Exupéry Ed.materiaux@insa-lyon.fr	M. Jean-Yves BUFFIERE INSA de Lyon MATEIS Bâtiment Saint Exupéry 7 avenue Jean Capelle 69621 VILLEURBANNE Cedex Tél : 04.72.43 83 18 Fax 04 72 43 85 28 Jean-yves.buffiere@insa-lyon.fr
MEGA	**MECANIQUE, ENERGETIQUE, GENIE CIVIL, ACOUSTIQUE** http://mega.ec-lyon.fr Secrétariat : M. LABOUNE PM : 71.70 –Fax : 87.12 Bat. Saint Exupéry mega@insa-lyon.fr	M. Philippe BOISSE INSA de Lyon Laboratoire LAMCOS Bâtiment Jacquard 25 bis avenue Jean Capelle 69621 VILLEURBANNE Cedex Tél :04.72 .43.71.70 Fax : 04 72 43 72 37 Philippe.boisse@insa-lyon.fr
ScSo	**ScSo*** http://recherche.univ-lyon2.fr/scso/ Sec : Viviane POLSINELLI Brigitte DUBOIS Insa : J.Y. TOUSSAINT	M. OBADIA Lionel Université Lyon 2 86 rue Pasteur 69365 LYON Cedex 07 Tél : 04.78.77.23.86 Fax : 04.37.28.04.48 Lionel.Obadia@univ-lyon2.fr

*ScSo : Histoire, Géographie, Aménagement, Urbanisme, Archéologie, Science politique, Sociologie, Anthropologie

Remerciement

Les travaux présentés dans ce mémoire de thèse ont été réalisés au Laboratoire de Génie Electrique et Ferroélectricité de l'INSA de Lyon et au Laboratoire Physique de la Matière Condensée de la Faculté des Sciences Ben M'sik dans le cadre d'une convention entre INSA de Lyon-France et l'Université Hassan II, Mohammedia -Maroc.

Une thèse de doctorat, avant d'être une expérience professionnelle constitue une expérience personnelle où différents états d'âme traversent la vie du doctorant : joie, stress, fierté, fatigue, incertitude, agacement, enthousiasme, excitation...Il s'agit aussi de l'aboutissement d'un premier travail de recherche, et ce travail de thèse n'aurait jamais existé sans l'aide précieuse de mes encadrants, tous investigateurs de ces travaux. C'est pourquoi je commence par remercier chaleureusement Messieurs Daniel GUYOMAR, M'hammed Mazroui , Pierre-Jean Cottinet et Abdelowahed HAJJAJI, quatre personnes exceptionnelles tant sur le plan humain que scientifique ; je suis extrêmement reconnaissant de la confiance qu'ils ont bien voulu m'accorder et du temps sans limite consacré à échanger, me permettant ainsi d'approfondir mon travail et d'en apprendre tous les jours un peu plus. Enfin, je ne peux que souligner la qualité de leur encadrement, leur disponibilité permanente ainsi que leur éternelle bonne humeur qui a contribuée à l'excellente ambiance de travail.

Mes remerciements vont aussi à tous les membres du LGEF et du LPMC, permanents et doctorants, qui soit par leur aide, leurs encouragements ou encore simplement par leur amitié ont rendu mon travail plus stimulant et plus agréable. Pour rendre compte à quel point l'ambiance était exceptionnelle et les personnes agréables, il faudrait tous les citer ; or de peur d'oublier quelqu'un je n'adresse qu'un remerciement général à vous tous.

Je tiens à remercier particulièrement les membres du jury pour le temps et l'intérêt portés à ces travaux : M. Bouchta SAHRAOUI , M. Dennoun SAIFAOUI et M. Denis REMIENS pour avoir accepté d'être rapporteurs de mes travaux, M. Yahia BOUGHALEB examinateur, ainsi que Mme. Kaori YUSE invitée.

Je n'exprimerai jamais assez ma reconnaissance à M. Laurent LEBRUN Professeur à l'INSA de Lyon, M. Mickael LALLART Maître de Conférences au LGEF et M. Said Ouaskit Professeur à l'université Hassan II Mohammedia,

Casablanca (LPMC) qui m'ont témoigné leur soutien et leur aide inconditionnelle durant ces années ; les échanges constants que nous avons eus ainsi que leurs réflexions et interrogations m'auront permis de guider ce travail. J'aimerais aussi remercier Monsieur Lionel Petit Professeur à l'INSA de Lyon pour son aide plus que précieuse dans la modélisation sous éléments finis, ainsi que Monsieur Benjamin DUCHARNE Maître de Conférences au LGEF pour son aide et ses conseils. Sans oublier Mohammed bennai, Aouatif Dezairi et Rahma ADHIRI, (professeurs à Fac. Sci. Ben M'sik, Casablanca).

Les expériences présentées n'auraient pas été possibles sans la collaboration des techniciens et ingénieurs de recherche, en particulier Laurence SEVEYRAT et Véronique PERRIN dont l'aide a été précieuse pour la réalisation des mesures et des nombreux films de polymère, sans oublier Frédéric DEFROMERIE pour son humour son aide dans la réalisation des bancs de test.

Je n'oublie pas de remercier également Madame Evelyne DORIEUX pour sa gentillesse, sa disponibilité et son efficacité dans les tâches administratives.

Je souhaite enfin remercier mes parents, ma femme Jihane, mon frère Youness, ma sœur Meriem, et tous mes amis en France ainsi qu'au Maroc pour leur soutient, et leurs mots tendres sans limites qui m'ont donné la force de poursuivre mes travaux même quand les difficultés me semblaient insurmontables.

J'exprime toutes mes excuses et mes sincères remerciements à tous ceux que j'aurais pu oublier, s'il n'est guère aisé d'exprimer toute sa reconnaissance, il est d'autant plus difficile de trouver les bons mots pour remercier chacun autant qu'il le mériterait.

J'adresse un remerciement spécial à mon cousin Issam.

Je dédie ce travail à mon père, ma mère, pour avoir suscité ma vocation et permis d'achever mes études. Je dédie aussi ce travail à ma famille, ma femme, mon frère et ma sœur pour leur soutien moral et leur amour.

Résumé :

Les matériaux actifs, tels que les matériaux piézoélectriques et électrostrictifs, sont couramment utilisés dans la conception de dispositifs exploitant leurs propriétés respectives. La propriété principale de ces matériaux réside dans le fort couplage entre les comportements électrique et mécanique (piézoélectricité). Dans la majorité des cas, ces matériaux sont utilisés séparément. L'utilisation combinée de ces matériaux permet la réalisation de dispositifs innovants basés sur l'effet électrostrictifs : l'apparition d'une polarisation électrique induite par une contrainte mécanique et réciproquement l'apparition d'une déformation mécanique sous l'action d'un champ électrique. Les applications « support » concernent les capteurs et les actionneurs. L'étude de ce couplage passe par la caractérisation de ces matériaux, puis par la mise en place de modèles décrivant finement leurs comportements et enfin par le développement d'outils pour la conception.

L'objectif de la thèse est de remplacer le matériau céramique, rigide et à faible déformation, par un film polymère nanocomposite électroactifs, présentant des grandes déformations et forces d'actionnement sous champ électrique modéré grâce à l'incorporation dans la matrice polymère de micro et nano-objets (charge) conducteurs ou semi-conducteurs. De plus, pour des applications plus spécifiques de la récupération d'énergie, la charge du film polymère par des micro et nano-objets conducteurs sera également étudiée. Idéalement, il serait très intéressant de réaliser un matériau multifonctionnel, sensible à la fois à une stimulation mécanique (propriétés de détection et/ou de récupération d'énergie par couplage électromécanique).

Mots-clés :

Polymère électroactif, Polymère électrostrictif, Caractérisation électromécanique, Récupération d'énergie, Electret.

Abstract

In the last decades, direct energy conversion devices for medium and low grades waste heat have received significant attention due to the necessity to develop more energy efficient engineering systems. A great deal of research has in recent years been carried out on harvesting energy using piezoelectric, electrostatic, electromagnetic , and thermoelectric ,transduction, with the aim of harvesting enough energy to enable data transmission. For this purpose, piezoelectric elements have been extensively used in the past; however they present high rigidity and limited mechanical strain abilities as well as delicate manufacturing process for complex shapes, making them unsuitable in many applications.

Thus, recent trends in both industrial and research fields have focused on electrostrictive polymers for electromechanical energy conversion. This interest is explained by many advantages such as high productivity, flexibility, and processability. Hence, electrostrictive polymer films are much more suitable for energy harvesting devices requiring high flexibilities, such as systems in smart textiles and mobile or autonomous devices. Electrostrictive polymers can also be obtained in many different shapes and over large surfaces. . In the last years, electrostrictive polymers have been investigated as electroactive materials for energy harvesting. However for scavenging energy a static field is necessary, since this material is isotope, there is no permanent polarization compare to piezoelectric material. A solution for avoid this problem; concern the hybridization of electrostrictive polymer with electret. Finally, the implementation of electrostrictive materials is much simpler for small-scale systems (MEMS). Hence, several studies have analyzed the energy conversion performance of electrostrictive polymers, both in terms of actuation and energy harvesting.

Keywords.

Electroactive polymer, Energy Harvesting, Electrostrictive polymer, Electret

Sommaire

INTRODUCTION GENERALE **10**

1.1	**INTRODUCTION**	**13**
1.2	**RECUPERATION DE L'ENERGIE**	**14**
1.3	**ENERGIE CHIMIQUE**	**15**
1.4	**ENERGIE LUMINEUSES**	**15**
1.5	**ENERGIE CINETIQUE :**	**16**
1.6	**ÉNERGIE DE RAYONNEMENT ELECTROMAGNETIQUE**	**18**
1.7	**ENERGIE ELECTROMAGNETIQUE**	**19**
1.8	**ENERGIE VIBRATOIRE**	**22**
1.8.1	*LES FREQUENCES PRESENTES DANS NOTRE ENVIRONNEMENT*	*24*
1.8.2	*LA CONVERSION MAGNETIQUE*	*24*
1.8.3	*LA CONVERSION PIEZOELECTRIQUE*	*25*
1.8.4	*LA CONVERSION ELECTROSTATIQUE*	*28*
1.9	**LE MONDE DES DISPOSITIFS AUTOALIMENTES**	**30**
1.10	**SYNTHESE DE L'ETUDE**	**33**
2.1	**INTRODUCTION**	**34**
2.2	**MATERIAUX INTELLIGENTS**	**34**
2.2.1	*LES CERAMIQUES ELECTROACTIVES*	*36*
2.2.2	*LES POLYMERES ELECTROACTIFS*	*37*
2.2.3	*LES POLYMERES PIEZOELECTRIQUES*	*43*
2.2.4	*LES GELS IONIQUES*	*43*
2.2.5	*LES PAPIERS ELECTROACTIFS*	*44*
2.2.6	*LES COMPOSITES POLYMERES-METAL IONIQUES (IPMC)*	*44*
2.2.7	*LES POLYMERES CONDUCTEURS IONIQUES (CP)*	*46*
2.2.8	*LES POLYMERES FERROELECTRIQUES*	*47*
2.2.9	*LES ELECTRETS :*	*48*
2.3	**CONCLUSION**	**50**

CHAPITRE 3. .... **51**

ELABORATION, CARACTERISATION ET DES PEAS **51**

3.1	**INTRODUCTION**	**51**
3.2	**CHOIX DES MATRICES**	**51**
3.2.1	*LA MATRICE DE POLYURETHANE*	*51*
3.2.2	*LA MATRICE DE TERPOLYMERE P(VDF-TrFE-CFE)*	*53*
3.2.3	*LA MATRICE DES ELECTRETS*	*54*
3.3	**CHOIX DES NANO CHARGES**	**57**
3.3.1	*DEFINITION D'UN NANOCOMPOSITE*	*57*

3.4 PREPARATION DES FILMS 61
  3.4.1 PREPARATION DE FILM POLYMERE 62
  3.4.2 PREPARATION DES ELECTRETS 64
  3.4.3 METHODES DE POLARISATION 65
3.5 CARACTERISATION DES MATERIAUX 71
  3.5.1 OBSERVATION DE L'ETAT DE DISPERSION DES NANOPARTICULES PAR MICROSCOPIE A BALAYAGE 71
  3.5.2 CARACTERISATION MECANIQUE..72
  3.5.3 CARACTERISATION ELECTRIQUE 73
3.6 CONCLUSION..79

CHAPITRE 4 HYBRIDATION DES POLYMERES ELECTROSTRICTIFS ET ELECTRETS POUR LES µ-GENERATEURS 81

4.1 INTRODUCTION 81
4.2 LE PRINCIPE DE BASE DE LA RECUPERATION D'ENERGIE 81
4.3 MODELISATION DE LA PUISSANCE RECUPEREE 83
4.4 PRINCIPE DE MESURE..91
4.5 VALIDATION DE L'HYBRIDATION 93
4.6 OPTIMISATION DE LA PUISSANCE RECUPEREE 97
  4.6.1 MODELISATION SOUS ANSYS 97
  4.6.2 COMPARAISON ENTRE LES DEUX STRUCTURES HYBRIDES 103
  4.6.3 EFFET DE L'EPAISSEUR 107
  4.6.4 INFLUENCES DES MATRICES ET DES TYPES DE CHARGES UTILISES 113
4.7 CONCLUSION :..122

CONCLUSION GENERALE 123

  ➢ AVANCEES PAR RAPPORT A L'ETAT DE L'ART 125
  ➢ PERSPECTIVES 125

LISTE DES FIGURES..126

LISTE DES TABLEAUX 129

REFERENCE BIBLIOGRAPHIQUES : 130

Introduction générale

Au jour d'aujourd'hui bon nombre de systèmes ont une autonomie limitée par leur pile. Mais avec l'arrivée des microsystèmes autonomes et l'élargissement des domaines d'applications nous ne pouvons plus nous permettre ni le remplacement, ni l'impact du rejet des piles usagées à une plus grande échelle.

Notre but dans cette thèse est de développer un système de récupération d'énergie vibratoire utilisant les électrets (diélectriques chargés électriquement). La puissance récupérée est assez faible mais permet d'autoalimenter des actionneurs de faible puissance ou, plus couramment des capteurs. Classiquement on utilise les matériaux piézoélectriques pour créer la conversion mécanique/ électrique mais ces derniers sont : chers, cassants, difficiles à usiner et contiennent du plomb. Pour pallier ces inconvénients nous avons utilisé des polymères électrostrictifs. Ces derniers compensent une majorité des inconvénients liés aux matériaux piézoélectriques mais ne sont pas naturellement actifs. C'est dire qu'il faut appliquer un champ électrique pour créer le couplage électromécanique. Malheureusement les polymères présentent une conductivité électrique qui est trop importante ce qui limite l'intérêt de ces derniers et ce qui nous a amené à utiliser des électrets qui gardent la charge induite sur des périodes très longues (plusieurs années). On peut donc les utiliser comme des sources de tension.

L'objectif de cette thèse porte sur l'amélioration du rendement de conversion des énergies ambiantes en énergie électrique afin d'augmenter les capacités des systèmes autoalimentés. Pour cela plusieurs pistes ont été explorées lors de ces travaux. L'étude menée s'est orientée sur l'axe particulièrement porteur des polymères électroactifs utilisés pour la récupération d'énergie mécanique. Ces matériaux se positionnent désormais pour certaines applications comme de sérieux concurrent aux éléments piézoélectriques sur le marché émergeant des systèmes intelligents. En effet, les polymères ne présentent pas certains inconvénients majeurs des céramiques piézoélectriques comme le risque de dépolarisation, une grande fragilité et un processus de réalisation complexe et onéreux. Les polymères électroactifs amènent une rupture technologique importante dans la vision des nouveaux systèmes intelligents, notamment dans le domaine en forte croissance des MEMS (*Micro Electro Mechanical Systems*) où ces matériaux fonctionnels sont appelés à plus ou moins long terme à jouer un rôle important en vue de l'amélioration des performances et de la compétitivité des dispositifs.

De plus les récents progrès dans l'intégration et la miniaturisation des composants conduisent à l'émergence de systèmes miniatures complexes comprenant sur un même module d'interconnexion, des capteurs, des actionneurs, mais aussi la source d'énergie. Pendant longtemps les batteries ont été utilisées pour le développement de système autonome, néanmoins cette méthode d'alimentation est devenue insuffisante pour les applications modernes. En effet le remplacement ou la recharge d'un grand nombre de piles, dans un milieu hostile, est souvent économiquement injustifié, voire impossible. La durée de vie du dispositif ainsi alimenté est directement liée à la quantité de charges initialement stockées dans la pile et donc à sa taille. Pour éviter l'utilisation de réservoirs d'énergie avec des capacités limitées, et grâce à la diminution considérable de la consommation en énergie de différents dispositifs électroniques, il est maintenant envisageable d'alimenter un système électronique à partir d'une source d'énergie ambiante (thermique ou vibratoire…).

C'est autour de ces problématiques fortes que ces travaux ont été réalisés, afin de proposer des générateurs performants, basés sur une technologie innovante et alternative aux solutions classiques connues. D'un point de vue scientifique, les premiers résultats basés sur la modélisation et la caractérisation d'un générateur exploitant les polymères électroactifs ont permis de mettre en évidence les critères importants d'optimisation de ceux-ci, à savoir une grande permittivité relative et un faible module de Young, pour conserver le caractère flexible des polymères.

Il a également été démontré la possibilité d'hybrider deux matériaux électroactifs de type électrets et polymères électrostrictif pour la réalisation de µ-générateurs autonomes. L'optimisation de la conversion a été entreprise en jouant sur les caractéristiques intrinsèques des matériaux ainsi que sur l'étage électrique de conversion et l'architecture du µ-générateur.

Ce manuscrit se compose de quatre chapitres.

Le premier chapitre est consacré à une introduction générale à propos de la récupération d'énergie. Ainsi nous nous attacherons à décrire les différentes ressources et systèmes de récupération d'énergies ambiantes propres à l'environnement humain.

Le second chapitre dressera un état des lieux concernant les polymères électroactifs avec une présentation des différents polymères, de leur principe de fonctionnement ainsi que de leurs principales caractéristiques.

Au troisième chapitre, nous nous attarderons à la caractérisation mécanique et électrique des films de polymère élaborés au laboratoire, afin d'acquérir les données nécessaires à une meilleure compréhension des phénomènes observés lors des essais en actionnement ou en récupération d'énergie. Le processus de préparation des films polymères sera aussi abordé.

Afin d'augmenter les propriétés diélectriques des polymères étudiés, l'incorporation de nanoparticules conductrices dans les matrices de polymères s'est avérée nécessaire, rendant indispensable une étude de la dispersion des particules dans la matrice en vue d'obtenir des composites homogènes.

Le quatrième chapitre sera consacré à la modélisation et à la simulation des µ-générateurs basés sur l'hybridation de polymères électroactifs. Ce modèle permet de démontrer le fort potentiel de ces matériaux pour la récupération d'énergie. Dans cette optique la modélisation en mode générateur pour ce type de matériau sera entreprise. Les mesures réalisées permettent de valider le modèle développé.

Nous résumerons dans la conclusion les points clé du travail de thèse et nous proposerons des perspectives.

Chapitre 1

Eléments bibliographiques sur la récupération d'énergie

1.1 Introduction

Poussés par les développements de la technologie et l'invention dans le domaine de la µ-électronique, des capteurs autonomes[1,2,3,4] et des µ-systèmes[5] de toutes sortes ont commencé à occuper notre environnement, du civil au militaire, en passant par l'industrie et le spatial. Cette occupation en progression permanente n'est toutefois possible que si, d'une part, ils communiquent sans fil et que d'autre part, ils sont entièrement autonomes du point de vue énergétique. Concernant les systèmes de communication, beaucoup de progrès sont apparus ces dernières années, même si des améliorations en termes de consommation et de compacités ont encore nécessaires et possibles.

Quant à l'autonomie énergétique, elle pose actuellement un véritable problème, car même si la durée des piles ou batteries a connu des progrès notables au cours de ces dernières années, elle reste limitée. Pour l'accroître, deux possibilités s'offrent à nous : soit remplacer ou recharger régulièrement ces dernières, ce qui peut se révéler à la fois coûteux et contraignant, soit redimensionner initialement la source d'énergie de ces µ-systèmes, qui de micro ne garderont plus que le nom et qui par ailleurs constitueront une importante source de pollution. Pour réconcilier les termes « microsystème » et « autonome », il est nécessaire de trouver des sources d'énergie alternatives au simple stockage d'énergie. C'est à ce niveau qu'intervient la récupération d'énergie : son but est de pouvoir fournir au système l'énergie dont il a besoin directement à partir de l'énergie disponible dans son proche environnement.

1.2 Récupération de l'énergie

La récupération d'énergie vise à réaliser des µ-générateurs électriques de taille millimétrique qui permettront d'alimenter des systèmes électroniques en absorbant l'énergie d'énergies ambiantes présentes dans l'environnement. Une des applications prometteuses de ce principe se retrouve dans les capteurs autonomes. A l'heure actuelle, ces capteurs sont alimentés par des piles qui imposent une maintenance régulière et posent des questions environnementales. S'il est possible de substituer ces piles par des µ-générateurs, alors l'utilisation de ce type de capteur se généralisera, et permettrait de développer des systèmes mécatroniques plus performants.

Un des axes de recherche les plus avancés s'intéresse à la récupération de l'énergie vibratoire généralement présente dans les systèmes industriels (machines-outils, transport, etc.) en utilisant des éléments électroactifs qui assurent la conversion énergétique mécano-électrique. Un des objectifs dans ce cas est la conception de systèmes de forte densité énergétique (rapport de l'énergie fournie sur le volume total). De tels µ-générateurs seront capables d'absorber le maximum d'énergie mécanique et d'optimiser la conversion de celle-ci en énergie électrique exploitable et de rendre ce système autonome.

Au cours de ces dernières années, cette thématique de recherche s'est popularisée dans la communauté scientifique et technologique. Néanmoins les quelques dispositifs récemment commercialisés ne sont exploitables que pour une fréquence de vibration bien précise, ce qui limite considérablement leur champ d'application. Réaliser un µ-générateur capable de récupérer efficacement l'énergie ambiante sur une large gamme de fréquence lèverait un verrou technologique et favoriserait l'utilisation de réseaux de capteurs autonomes dans le milieu industriel.

Différents types de sources d'énergie sont disponibles dans l'environnement :

Vibratoire, thermique, rayonnements électromagnétiques... Nous allons comparer ces différentes sources d'énergie tout en nous concentrant sur l'énergie vibratoire pour l'intégrer dans les futurs µ-systèmes autonomes.

1.3 Energie chimique

Parmi les énergies disponibles dans l'environnement, on retrouve un type d'énergie sous forme chimique. Dans ce cas, l'énergie peut être récupérée soit directement sous forme électrique en réalisant des piles électriques, soit sous forme intermédiaire (mécanique ou thermique) quand cette énergie est de type élément combustible. Parmi les sources naturelles d'énergie fondées sur une réaction d'oxydoréduction nous pouvons citer : le citron, le sang [6]. Les piles utilisant comme réactifs des éléments chimiques n'ont malheureusement qu'un nombre très limité d'applications. De plus, hormis la pile marine fondée sur l'utilisation des sédiments marins [7] et la bio-pile fondée sur l'utilisation du glucose du sang [8], peu de piles vraiment efficaces existent du fait de leur durée de vie très limitée. En ce qui concerne l'utilisation de la biomasse, elle n'est efficace qu'à grande échelle, ce qui exclut son utilisation en tant que µ-source. Les domaines d'application de la récupération de l'énergie ambiante chimique ou de la biomasse qui sont extrêmement limitées[9].

1.4 Energie lumineuse

L'exploitation de l'énergie lumineuse a suscité de nombreux travaux scientifiques.

D'importantes inventions et progressions été réalisés dans ce domaine comme le montre Hamakawa [10] dans un papier expliquant l'évolution des cellules photovoltaïques ces dernières années. La contribution énergétique du rayonnement lumineux est très variable suivant le type d'éclairement, ce qui conditionne bien évidemment le type d'applications envisagées. Ainsi, si le rayonnement lumineux est de l'ordre de 10 à 100mW/cm² pour un éclairage solaire direct, il n'est que de 10 à 100µW/cm² pour une lumière artificielle standard. Les applications des cellules photovoltaïques couvrent une très large échelle de puissance, allant de quelques µ-watts pour des applications miniatures telles que les calculatrices solaires à plusieurs kilowatts dans le cas des centrales électriques solaires. Si le rendement des cellules photovoltaïque reste généralement en dessous de 20% pour les produits commerciaux courants, des modèles encore au stade de la recherche atteignent d'ors et déjà près de 35% d'efficacité[11]. La principale limitation des systèmes de récupération de l'énergie lumineuse est relative à la très forte sensibilité de ce type de dispositif aux conditions d'éclairement. A titre d'exemple, l'énergie récupérée par une cellule photovoltaïque est réduite d'un facteur 100 en cas de ciel nuageux et d'un facteur 2500 si elle est placée en intérieur[12].

1.5 Energie cinétique :

Certains produits utilisant le principe de récupération de l'énergie cinétique ont déjà été commercialisés, on peur citer à titre d'exemple: la montre Seiko Kinetic (Figure 1) , qui fonctionne en utilisant le mouvement du bras de celui qui la porte comme source d'alimentation. Le principe de génération d'énergie de cette montre développé en 1988, avec 50 dépôts de brevets, est le suivant : une masse entre en rotation avec les mouvements du porteur et entraîne le rotor d'un µ-alternateur. Ce µ-alternateur recharge un super condensateur, qui fait office de réservoir d'énergie intégré. Pour les modèles récents, la montre peut rester à l'heure pendant quatre ans ou plus, même en l'absence de mouvements. Nous pouvons noter qu'il existe toujours des recherches dans ce domaine, comme par exemple M. Lossec au laboratoire SATIE qui travaille sur un générateur µ-cinétique pour les montres qui stocke l'énergie dans des ressorts [13].

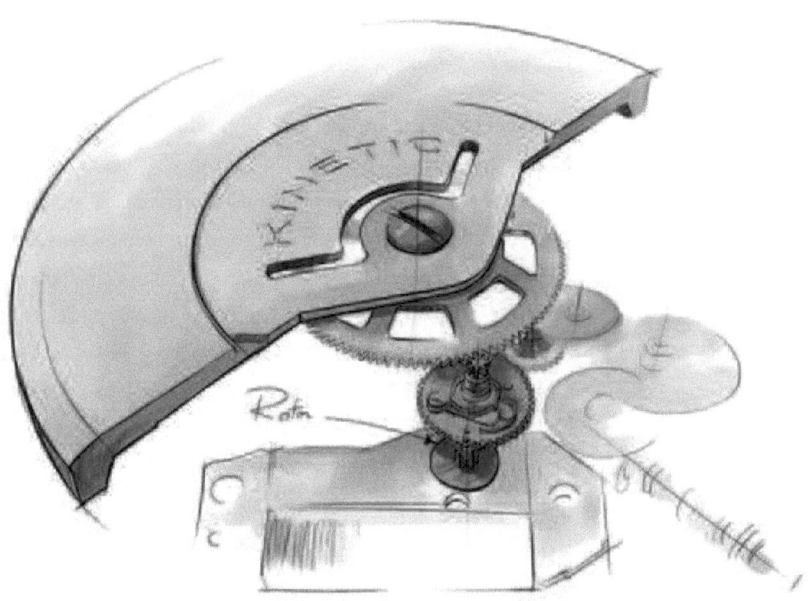

Figure 1: Système de la montre Seiko Kinetic [14]

D'autre part, il est possible de récupérer l'énergie des fluides en mouvement. Parmi les exemples les plus connus sont l'énergie éolienne et l'énergie hydroélectrique, qui permettent de récupérer respectivement l'énergie du vent et l'énergie de l'eau. Pour le cas de grandes éoliennes (d'une hauteur de 100 m), l'énergie du vent, la puissance maximale générée peut être très importante, de l'ordre de 2MW. Cette énergie récupérée peut ensuite être réinjectée sur le réseau électrique. Des recherches sont effectuées pour tenter de faire des réductions d'échelle sur ces systèmes, en faisant des µ-turbines récupérant l'énergie d'un fluide en mouvement. Une µ-turbine a été développée par Raisigel et al.[15] (Figure 2), de 8mm de diamètre. Cette µ-turbine générait jusqu'à 5W à une vitesse de 380000rpm. Ce type de µ-turbine peut être intéressant dans des applications très spécifiques, mais leur miniaturisation est cependant complexe, notamment du fait de l'augmentation relative des frottements à petites dimensions[16].

Figure 2: µ-turbine de 8mm de diamètre [10].

Nous pouvons aussi noter les-une unité moyenne, d'un mètre de long, conçue pour travaux de l'entreprise Humdinger Wind Energy [17] qui propose de nouveaux générateurs éoliens avec des géométries différentes des turbines éoliennes habituelles. Leur structure correspond à une bande élastique qui entre en vibration avec le vent. L'énergie mécanique est ensuite transformée en énergie électrique, par un système qui n'est pas précisé. Trois tailles de dispositifs sont proposées (Figure 3) :

-une petite unité, pour alimenter des capteurs sans fil pour avoir des capteurs autonomes.

-une unité moyenne, d'un mètre de long, conçue pour alimenter des bornes Wifi.

-de grands panneaux, pour récupérer une quantité importante d'énergie, comme les panneaux solaires.

Les résultats des différents dispositifs sont très intéressants, à titre d'exemple une énergie générée de 100 à 200 Wh pour la petite unité avec une durée de vie de 20 ans.

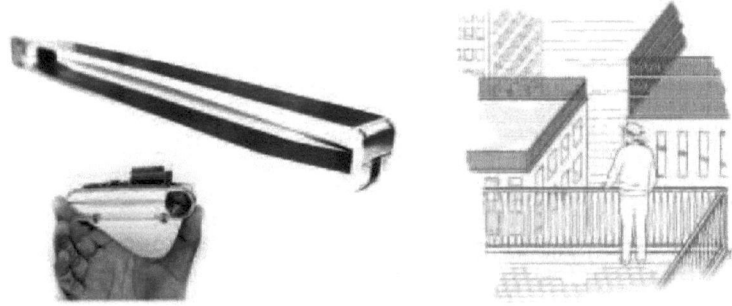

Figure 3: Différents dispositifs proposés par l'entreprise Humdinger Wind Energy [18]

Les vibrations mécaniques sont une source d'énergie très intéressante, et l'alimentation de dispositifs électroniques à partir de l'énergie récupérée par les vibrations est un domaine en pleine émergence. En effet, les vibrations sont très présentes dans l'environnement, comme par exemple dans les bâtiments, sur les personnes, sur des machines, sur les voitures…

Nous allons détailler dans les parties suivantes les méthodes de conversion de ce type d'énergie et les différents dispositifs existants.

1.6 Énergie de rayonnement électromagnétique

Quatre types de rayonnement sont susceptibles d'être utilisés afin de récupérer l'énergie disponible en grande quantité dans la nature[19] :

➢ Le rayonnement naturel le plus énergétique est le rayonnement solaire. Il est largement utilisé pour satisfaire les besoins énergétiques des maisons isolées. Plusieurs systèmes de plus petite taille sont alimentés par cette énorme source d'énergie (montres, calculatrices, des téléphones d'urgence sur les autoroutes, etc.). La conversion de l'énergie solaire en énergie électrique se fait tout simplement via des cellules photovoltaïques[20, 21]. Lors d'un rayonnement direct à midi, la densité de puissance des radiations solaires sur la surface de la terre peut atteindre 100 $mW.cm^{-3}$.

➢ Le rayonnement infrarouge se retrouve essentiellement à proximité des sources chaudes (> 800 K). Sauf pour des applications très spécifiques, il est très compliqué de trouver de telles sources. En général, l'énergie thermique de sources très chaudes (> 1200 K) est convertie en énergie infrarouge à l'aide d'un matériau adapté, avant d'être transformée en électricité via des cellules photovoltaïques. Cette manipulation est connue sous le nom de « conversion thermo-photovoltaïque »[22],[23]

➢ Des mesures montrent que sur une surface de 1600 cm^2, on détecte le passage d'environ 200 particules d'énergie comprises entre 50 KeV et 1 MeV pendant une heure. En moyenne, ces particules possèdent une énergie de 500 KeV et une puissance récupérable de $4,32 \times 10^{-15}$ W. Cette puissance est très faible par rapport à l'énergie récupérable avec les cellules photovoltaïques. Il est donc peu envisageable d'exploiter cette source radioactive avec des capteurs, excepté pour des missions spécifiques comme dans le domaine spatial[24].

➢ Les ondes hertziennes se trouvent particulièrement à proximité des principales sources d'émission comme les émetteurs radio, les émetteurs de télévision, les émetteurs de téléphone, etc. le rayonnement électrique créé par les lignes de distribution électriques et les réseaux de télécommunications filaires peut être exploitable. On trouve aussi la récupération du rayonnement électromagnétique obtenu via des antennes. L'inconvénient majeur de cette énergie disponible se résume dans le fait qu'elle est répartie sur une large bande fréquentielle. Cette énergie reste faible à moins de se trouver à coté d'un émetteur[25].

1.7 Energie électromagnétique

Depuis l'apparition de ces nouvelles technologies de la récupération d'énergie, beaucoup de systèmes de récupération d'énergie vibratoire sont basés sur le mouvement d'un aimant permanent à l'intérieur d'une bobine[26]. Ce mouvement vibratoire crée un courant dans la bobine proportionnel à la variation du flux magnétique dans la bobine, donc proportionnel à la vitesse de l'aimant, au champ magnétique moyen généré par l'aimant dans la bobine et à la surface des spires. La valeur de la tension générée est déterminée par la loi de Faraday, selon l'équation :

$$e = -n\frac{\partial \phi}{\partial t}$$ (1)

Avec

e- force électromotrice.

n-nombre de tours de l'inducteur.

Φ-champ magnétique passant par l'inducteur

Dans ce cadre, Une des applications les plus simples de ce principe est la lampe torche représentée sur la Figure 4. Lorsque l'on secoue la lampe, un aimant se déplace à l'intérieur de la bobine. Le courant électrique ainsi créé vient recharger un condensateur qui permet l'éclairage d'une diode, la puissance générée par la bobine est de 300mW environ[26]. Ce dispositif n'est cependant pas à proprement parler un système récupérateur d'énergie mais plutôt un système générateur d'énergie, puisqu'il nécessite un mouvement volontaire n'ayant pas d'autre but que de recharger le condensateur.

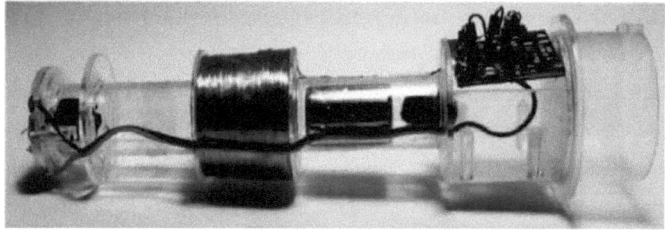

Figure 4 Lampe torche utilisant un générateur électromagnétique [27]

Ces systèmes sont capables de convertir jusqu'à 30% de l'énergie fournie. Ils sont cependant difficiles à miniaturiser, tout d'abord car il est difficile d'avoir un système stable avec de forts champs magnétiques, et ensuite parce que la densité volumique d'énergie diminue avec la taille du système. Un autre problème se pose dans le cas de la récupération d'énergie ambiante: les fréquences en jeu sont inférieures à 100 Hz et les bobines ont alors tendance à être plus résistantes que selfiques, ce qui engendre de fortes pertes par effet Joule.

Amirtharajah et al.[28] a proposé une structure simple qui utilise ce principe de conversion Figure 5.

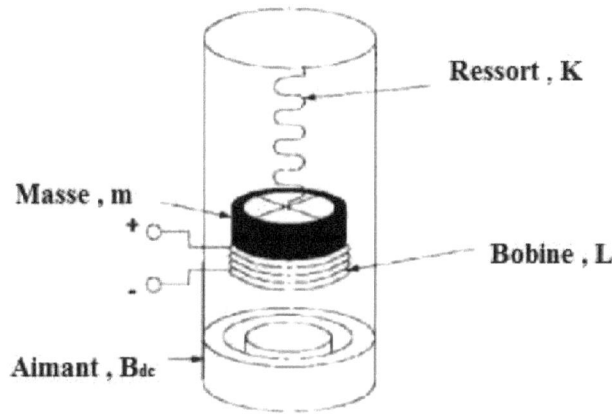

Figure 5 : Schéma d'un simple générateur électromagnétique[29].

Un grand nombre de travaux ont été réalisés sur ce thème. Certaines applications concernent des puissances comprises entre 1 µW et 100 µW et correspondent à l'échelle des µ-systèmes électromécaniques (MEMS).

D'autres réalisations, utilisant des structures plus grandes, atteignent des puissances de quelques centaines de µW.

Le dispositif développé par Li et al.[30], permet d'alimenter un émetteur infrarouge. Il occupe un espace de 1 cm^3 environ et permet de fournir jusqu'au 70 µW. Comme la puissance nécessaire pour émettre est de 3 mW pendant 140 ms, l'énergie est tout d'abord accumulée sur un condensateur jusqu'à ce qu'elle soit suffisante pour une émission.

Le Tableau 1 donne quelques exemples de prototypes utilisant ce mode de conversion :

Auteurs	Puissance (µW)	Volume (mm^3)	Tension (V)	Fréquence (Hz)
Li[30]	100	100	-	60
EL-HAMI[31]	1000	240	0.02	320
CHING[32]	830	1000	4.4	110
GLYN-JONES[33]	157	12500	0.005	100
KULAH[34]	2.5	0.06	0.15	10
BEEBY[35]	0.02	100	-	9500
SARI[36]	0.5	1344	0.2	3600
TORAH[37]	58	1000	1.12	52
YUEN[38]	830	50000	1.29	100
KULKARNE[39]	0.148	34.2	-	8080

Tableau 1 : Récupération d'énergie vibratoire – Systèmes électromagnétiques.

1.8 Energie vibratoire

Grâce aux progrès continus réalisés dans la diminution des besoins énergétiques des dispositifs électriques, les µ-systèmes individuels peuvent être alimentés à partir de très faibles sources d'énergie, dans une gamme de puissance allant du nano-watt au milliwatt. Ce faible niveau de puissance requis permet d'envisager la récupération opportuniste de l'énergie nécessaire à leur fonctionnement dans leur environnement. L'exemple le plus parlant des enjeux et problématiques futurs est celui de la récupération à partir du corps humain (pour l'alimentation de biocapteurs, pacemakers…), dont les niveaux d'énergie récupérable sont donnés dans le Tableau 2.

	Puissance mécanique récupérable	Rendement mécano-électrique	Pertes électriques	Puissance utiles
Taper sur un clavier	7mW	50%	10%	2,8mW
Mouvement des bras	3mW	11%	10%	150mW
Souffle	0,83W	11%	10%	74mW
Marche	67W	50%	10%	7,5W

Tableau 2: Puissance générée et récupérable à partir de mouvement de la vie quotidienne[40].

Si on considère un système soumis à une excitation sinusoïdale extérieure, on peut considérer que la récupération d'énergie sera maximum quand la fréquence du stimulus sera équivalente à la fréquence propre du système oscillant. Une étude du spectre des vibrations de l'environnement d'utilisation est donc nécessaire pour déterminer la future fréquence d'opération du système[41]. Il faut alors adapter le transducteur à la source de vibrations mécaniques.

Il existe à ce jour 4 moyens pour convertir l'énergie vibratoire :

- par conversion magnétique, électrostatique, piézoélectrique et electrostrictive

Pour expliquer le fonctionnement de chaque convertisseur nous allons voir par la suite une analyse des fréquences des vibrations présentes dans l'environnement.

1.8.1 Les fréquences présentes dans notre environnement

Des études ont été faites [42] pour connaître les fréquences des vibrations des éléments qui nous entourent à titre d'exemple à des faibles fréquences, excepté les fréquences des machines outils (Figure 6).

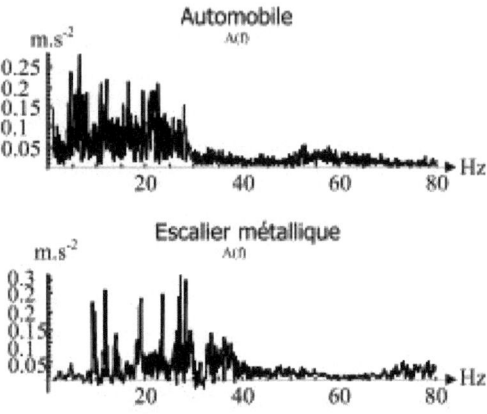

Figure 6: Mesures effectuées au LETI [43]

Grâce à l'étude des différents types de récupérateurs d'énergie vibratoire disponibles nous allons mettre en avant ceux qui correspondent le mieux à de tels critères [44], d'avoir remplit la condition d'être adapté à des fréquences inférieures à la centaine de Hertz et d'accepter un large spectre de vibrations..

1.8.2 La conversion magnétique

L'induction électromagnétique, aussi appelée induction magnétique, découverte par Faraday en 1831, est un phénomène physique produisant une différence de potentiel électrique dans un conducteur électrique soumis à un champ magnétique variable.

Dans la plupart des cas, le conducteur est sous la forme d'une bobine et l'électricité est générée par le mouvement d'un aimant dans la bobine grâce à la variation du flux du champ magnétique (Figure 7). Le courant ainsi généré dépend de l'intensité du flux du champ magnétique, de la rapidité du déplacement de l'aimant et du nombre de tours de la bobine[45].

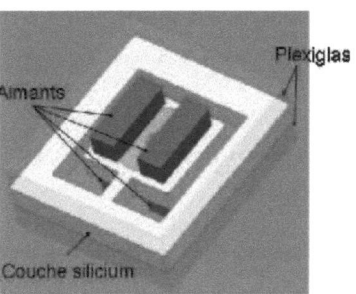

Figure 7: Schéma du µ-générateur électromagnétique[46].

Dans le cas d'un aimant placé sur une poutre, celui-ci peut jouer le rôle de masse inertielle sur la poutre vibrante. L'utilisation de composants électromagnétiques réduits, utilisant un volume de 0.15 cm^3 et optimisés pour un environnement à faibles vibrations, permettent de produire 46 µW à partir d'une accélération de 1 mg (g $\approx$ 9.81 m.s^{-2}). Ce résultat est obtenu avec une résistance de 4 kΩ et une vibration à une fréquence de 52 Hz[47].

Ce type de conversion ne nous intéresse pas dans le cadre de notre étude, car notre modèle utilisant les systèmes flexibles s'avère moins couteux.

1.8.3 La conversion piézoélectrique

De nombreuses publications s'intéressent à la récupération piézoélectrique. Les céramiques piézoélectriques ont depuis longtemps été utilisées pour convertir l'énergie mécanique en énergie électrique[48]. Ce type de matériau présente de très grands atouts pour récupérer le maximum de puissance, mais ceci les rend très sélectifs sur la fréquence de stimulation. Nous ne nous intéresserons ici qu'aux systèmes dont les propriétés s'approchent de celles des matériaux utiles à la récupération d'énergie.

Certains cristaux soumis à une contrainte mécanique se polarisent, cette polarité est proportionnelle à la contrainte subie. Inversement ces matériaux se déforment s'ils sont soumis à un champ électrique. Les matériaux piézoélectriques sont très nombreux, incluant des cristaux simples comme le quartz, des films fins de nitrure d'aluminium (AlN) ou d'oxyde de zinc, les piézo-céramiques comme le plomb zirconium de titane (PZT), des films épais obtenus à l'aide de poudres de piézo-céramiques ou des matériaux polymères tel que le poly-vinylidenefluoride (PVDF). Les matériaux piézoélectriques ont des propriétés anisotropes qui diffèrent selon la direction et l'orientation des forces et de la polarisation.

La poutre vibrante est l'un des systèmes performant pour la récupération d'énergie utilisant la conversion piézoélectrique.

Les performances du système dépendent de la géométrie et des matériaux utilisés.

Des systèmes utilisant la technologie des MEMS (*Micro electromechanical systems*) ont déjà été développés. Les récupérateurs piézoélectriques permettent de générer des tensions assez élevées pour de faibles courants de sortie.

De nombreux systèmes existent sous forme de prototypes, d'autres ont déjà été commercialisés. Le Tableau 3 donne quelques références de système de récupération d'énergie à base de matériaux piézoélectriques.

Auteur	Puissance (µW)	Surface (mm²)	Volume (mm³)	Tension (V)	Accélération (m/s²)	Fréquence (Hz)	Réf
Roundy	375	100	1000	11	2,5	120	[49]
Leland	29,3	400,05	2040,3	5	0,5	27	[50]
Ng	16,3	-	200	-	72,6	100	[51]
Ericka	1800	625	6250	10	20,0	2580	[52]
Fang	1,15	2	2	0,432	10,0	609	[53]
Leland	650	455	3675	10	-	160	[54]
Frank	90000	3419,5	109423	3,3	1,6	62	[55]
Marzencki	0,0263	5	5	2	4,0	196	[56]
Renaud	40	10	10	0,245	12,0	1800	[57]
Goldschmidtböing	400	1000	2000	3	25,0	200	[58]
Leland	208	203,52	1017,6	0,7	-	50	[59]
Huang	1,44	-	10	-	19,7	100	[60]
Lefeuvre	1100	280	44,8	-	15	65	[61]
Elfrink	1,8	-	27	-	1	429	[62]
Elfrink	67,9	-	27	-	10	419	[63]
Ramadass	3,75	-	12,1	-	3	80	[64]
Kwon	17	-	28,7	-	6,4	353	[65]
Guyomar	400	156	1560	-	10	277	[66]

Tableau 3. Récupération d'énergie vibratoire – Systèmes piézoélectriques

Aujourd'hui, les recherches sur les matériaux piézoélectriques portent notamment sur la compréhension précise de ces propriétés exceptionnelles, leur optimisation, ainsi que sur le développement de matériaux sans plomb ou de matériaux utilisables dans une plus large gamme de températures. L'optimisation de ces matériaux est aussi un enjeu clé pour la recherche, par exemple les solutions solides entre différents composés ($GaPO_4$ / $FePO_4$ ou SiO_2 / GeO_2...) permettant une croissance cristalline de matériau dopé sur un germe cristallin à bas coût.

1.8.4 La conversion électrostatique

Les systèmes électrostatiques utilisent une capacité variable pour convertir l'énergie mécanique de vibration en énergie électrique. Ces générateurs sont basés sur le changement de la valeur d'une capacité chargée par une tension initiale[67]. Ce changement est causé par le mouvement, ce qui entraîne le changement de l'énergie stockée dans cette capacité. Les architectures actuelles reposent essentiellement sur l'utilisation de peignes interdigités permettant d'augmenter la capacité totale du système. Les architectures de base sont présentées Figure 8 à Figure 11[68] :

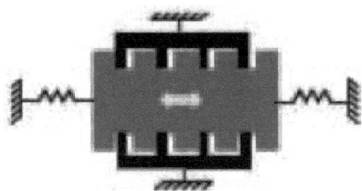

Figure 8 : Convertisseur dans le plan à entrefer variable[69]

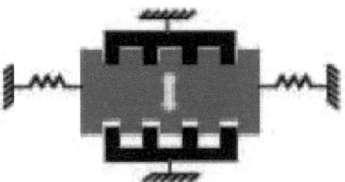

Figure 9 : Convertisseur dans le plan à chevauchement variable[69]

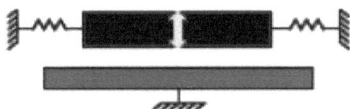

Figure 10 : Convertisseur hors plan à entrefer variable[69]

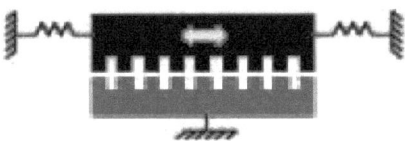

Figure 11 : Convertisseur dans le plan à surface variable[69]

La gestion électrique est plus complexe que dans les autres cas (piézoélectrique, électromagnétique). Deux types de fonctionnement peuvent être différenciés : le fonctionnement à charge constante et le fonctionnement à tension constante (Figure 12).

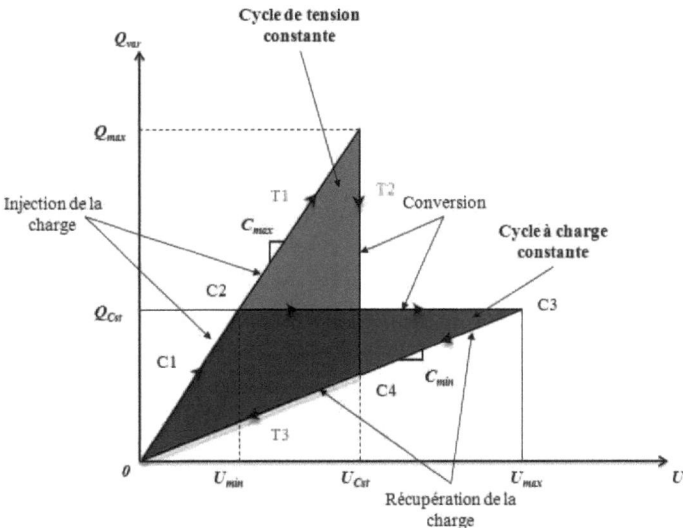

Figure 12. Cycles de fonctionnement des structures électrostatiques[70]

Le Tableau 4 donne quelques exemples de résultats obtenus avec des systèmes électrostatiques. Il est cependant à noter, qu'aucun modèle n'a été commercialisé.

Auteur	Puissance (µW)	Surface (mm²)	Volume (mm³)	Tension (V)	Accélération (m/s²)	Fréquence (Hz)	Réf
R. Tashiro	36		15000		12,8	6	71
S. Roundy	11	100	100		2,3	100	72
P.D. Mitcheson	24	784	1568	2300	4,0	10	73
B. C-H. Yen	1,8	4356	21780	6		1560	74
G. Despesse	1000	1800	18000	3	3,0	50	75
P. Basset	0,061	66	61,5		2,5	250	76

Tableau 4. Récupération d'énergie vibratoire – Systèmes électrostatiques

1.9 Le monde des dispositifs autoalimentés

Ce paragraphe a pour objectif d'étudier l'état de l'Art sur la récupération d'énergie a pour et pour exposer des applications pratiques des µ-générateurs alimentant des dispositifs électroniques. Les systèmes présentés ici utilisent les sources citées dans le paragraphe 1.8, et leur développement est dû à deux phénomènes conjugués : les progrès de la µ-électronique et la diminution de l'énergie requise pour alimenter des fonctions complexes (Figure 13).

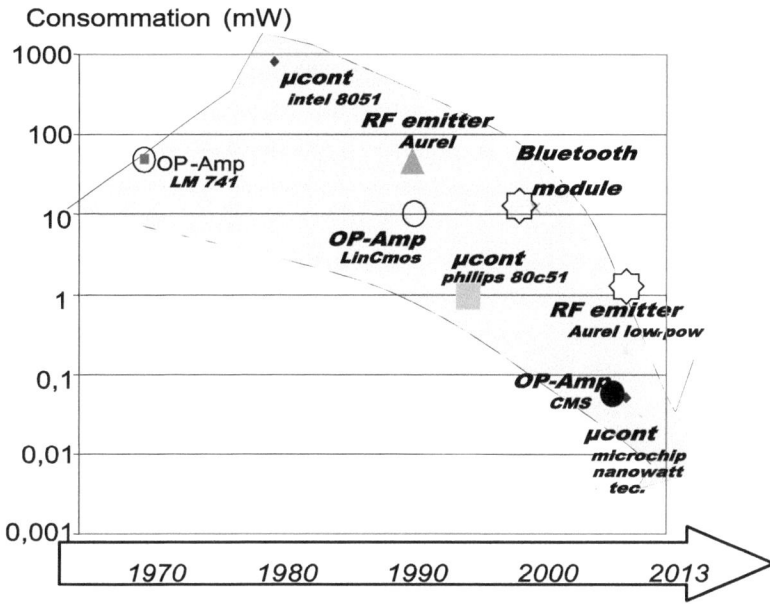

Figure 13 : Evolution de la consommation de quelques circuits intégrés standards[77]

Néanmoins beaucoup de travail reste à réaliser, en effet des concessions sont toujours nécessaires pour le fonctionnement de ces dispositifs, même si certaines technologies sont très matures (Figure 14). Actuellement la technique la plus utilisée pour répondre aux contraintes des systèmes autonomes consiste à adopter un fonctionnement intermittent du dispositif, limitant la consommation énergétique. Ce principe a démontré son efficacité en s'adaptant sur des dispositifs émetteurs infrarouge ou radio[78],[79]. Dans le cas du dispositif de Li et al.[80] la puissance nécessaire à l'émission d'un signal infrarouge est de 3 mW pendant 140 ms, le tout étant alimenté par un µ-générateur de 1 cm^3 pouvant convertir 70 µW à partir de vibration ambiantes.

De ces différentes applications, il ressort l'intérêt de l'utilisation de transmetteurs très basse consommation pour le développement de capteurs autonomes de type « smart dust », mais également en terme de mobilité, qui est une tendance générale à l'heure actuelle. En plus de la possibilité de communiquer, les systèmes autonomes doivent également intégrer la capacité d'effectuer des traitements. Les enjeux en termes de µ-contrôleur ultra-basse consommation deviennent aussi importants que ceux de la communication[81]. A ce titre, un exemple flagrant est la série des μ-contrôleurs PICTM Nano-Watt qui ne consomme que 50 nW en veille et entre 11 et 220 μW en opération respectivement à 32 kHz et 4 MHz.

Au final il est à noter que malgré un certain désintérêt de la communauté scientifique pour cette source, l'utilisation de l'énergie thermique a permis à l'entreprise Seiko TM de commercialiser une montre qui utilise la chaleur dégagée par le corps humain pour fonctionner.

(a) Radio « Free play Ranger » utilisant la conversion magnéto-électrique

(b) Piste de danse de la discothèque Club Watt à ROTTERDAM

(c) « Camel fridge » (Naps Systems) ; réfrigérateur alimenté par conversion photovoltaïque

Figure 14: Exemple de systèmes autoalimentés[82]

1.10 Synthèse de l'étude

La récupération d'énergie est actuellement un domaine porteur, avec un grand nombre de publications et de brevet sur ce thème. La réalisation de µ-générateurs autonomes correspond à un réel besoin, que ce soit pour l'alimentation de dispositifs électroniques portables d'usage courant, ou dans le cadre des réseaux de capteur sans fil…Ce développement a été rendu possible par la diminution de la consommation des composants électroniques, mais aussi par le développement de matériaux « intelligents », auxquels le prochain chapitre sera consacré.

Il a été montré, que la majorité des structures récupératrices d'énergie développées ces dernière années, utilise des matériaux piézoélectriques à base de céramiques rigides [77,70]. Le désintérêt pour ce type de matériaux vient sans doute du fait du peu de connaissances concernant leur principe de fonctionnement, mais aussi de la nécessité pour certains d'avoir une alimentation supplémentaire. Malgré la faible densité d'énergie des polymères électroactifs comparativement à celle des piles, elle peut être suffisante pour alimenter un µ-système, de plus, ils présentent des avantages notables qui se manifestent dans leur durée de vie théoriquement infinie et leur aspect« écologique ».

Chapitre 2

Généralités sur les polymères électroactifs

2.1 Introduction

Ce chapitre se veut un coup de projecteur sur les polymères électroactifs (PEA) en termes de matériaux, sur leurs capacités ainsi que sur leurs potentiels à former des structures intelligentes. Ces nouveaux matériaux et les applications qui en découlent continuent de faire l'objet de recherches et de démonstrations applicatives, nous présenterons un état de l'art portant sur les différents polymères électroactifs fabriqués au laboratoire LGEF INSA Lyon et leurs applications. Une présentation de toutes les classes de matériaux électroactifs, de leurs propriétés électriques et de leurs principes de fonctionnement, nous permettra de nous situer par rapport aux objectifs de cette thèse

2.2 Matériaux intelligents

Un matériau intelligent ou plus couramment désigné par les Anglo-Saxons comme « smart material », est sensible, adaptatif et évolutif. Il possède des fonctions qui lui permettent de se comporter comme un capteur, un actionneur ou parfois comme un processeur (traiter, comparer, stocker des informations). Ce type de matériau est capable de modifier spontanément ses propriétés physiques et chimique, par exemple sa viscoélasticité, sa couleur, sa connectivité ou sa forme, en réponse à des excitations naturelles ou provoquées venant de l'intérieur ou de l'extérieur du matériau. A titre exemple des variations de température, des contraintes mécaniques, de champs électriques ou magnétiques. Le matériau va donc adapter sa réponse, signaler une modification apparue dans l'environnement et dans certains cas, provoquer une action de correction. Sur le marché émergeant des systèmes intelligents, différents matériaux rentrent en compétition (céramique, polymère…). Les principaux secteurs concernés sont :

● L'aérospatial (miroirs à optiques déformables, compensation de l'absence de gravité dans l'espace par la création de vibrations).

● L'aéronautique (coques d'avions qui changent de forme suivant la pression et la vitesse pour consommer moins de fuel).

● La Défense (contrôle de vibrations et torsion des pâles de rotor d'hélicoptère, contrôle adaptatif de surface de vol, suppression de la trace acoustique de sous-marins, élimination des turbulences).

● L'automobile représente l'opportunité à court-terme la plus significative pour les matériaux intelligents. Ce marché semble des plus prometteur, 10 milliards de dollars dans les prochaines années. Les applications sont dans le contrôle semi-actif de vibration, les absorbeurs de chocs, la suppression active de bruits…

● Les marchés de la santé et des soins médicaux sont à plus longue échéance, avec les muscles artificiels qui répondent à des excitations électriques …[83].

Les excitations peuvent être de champs électriques , des variations de température, des contraintes mécaniques, ou de champs magnétiques… Le matériau va donc adapter sa réponse, signaler une modification apparue dans l'environnement et dans certains cas, provoquer une réaction de correction[84].

les matériaux intelligents possèdent toujours des fonctions qui lui permettent de se comporter comme un actionneur ou un capteur… ils sont sensibles, évolutifs et adaptatifs. Ce type de matériau est capable de modifier spontanément ses propriétés physiques, en réponse à des excitations naturelles ou provoquées, venant de l'extérieur ou de l'intérieur du matériau.[85]

2.2.1 Les céramiques électroactives

Le terme céramique désigne généralement un solide qui n'est ni un métal ni un polymère.

les céramiques sont des matériaux solides de synthèse qui nécessitent souvent des traitements thermiques pour son élaboration. La plupart des céramiques modernes sont préparées à partir de poudres consolidées (mise en forme) et sont densifiées par un traitement thermique (le frittage). La plupart des céramiques sont des matériaux polycristallins, c'est à dire comportant un grand nombre de µ-cristaux bien ordonnés (grains) reliés par des zones moins ordonnées (joints de grains). La Figure 15 montre l'état de la surface d'une céramique[86].

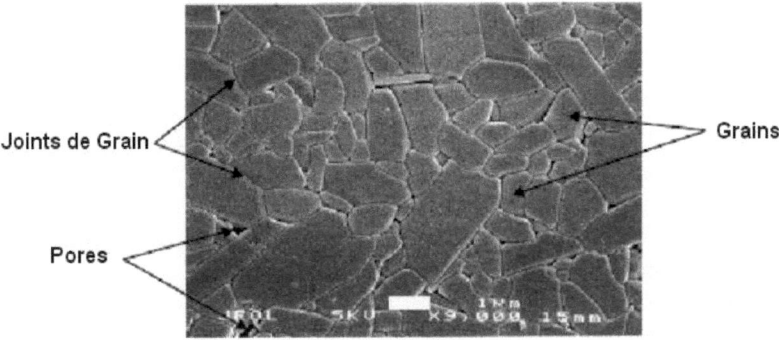

Figure 15: µ-structure typique d'une surface céramique polie qui illustre les grains monocristallins, les joints de grains et les pores[87].

La piézoélectricité est liée à l'alignement des atomes dans un réseau cristallin, qui se traduit par une polarisation nette, et qui relie par conséquent le champ électrique et la pression exercée sur la matière[88].

Dans certains matériaux, comme le quartz ou la tourmaline, l'effet piézoélectrique est naturellement observable. L'application d'une force provoque l'apparition d'un champ électrique (effet piézoélectrique direct), tandis que l'application d'un champ électrique provoque la déformation du matériau (effet piézoélectrique inverse), et c'est également sous cette forme qu'ils ont été utilisés dans les applications de première génération avant la mise au point des céramiques. Pourtant, la réalisation d'actionneurs se base sur l'utilisation de céramiques synthétiques polycristallines[89]. Les caractéristiques piézoélectriques de ces céramiques résultent de la polarisation initiale dans un champ électrique à température contrôlée. Les céramiques massives ainsi produites peuvent générer des contraintes de l'ordre de 40 MPa avec des déformations relatives de 1000 à 2000 ppm. Ils sont donc adaptés aux petits déplacements et présentent l'avantage d'être commandés à haute fréquence[90]. Ils sont couramment utilisés comme actionneur pour le déplacement de tête d'AFM[91] (Atomic Force Microscope).

Les céramiques font face à une rude compétition à cause de leurs inconvénients majeurs, comme le risque de dépolarisation, leur grande fragilité, et un processus de réalisation complexe et onéreux[92]. Les polymères électroactifs amènent une rupture technologique importante dans la vision des nouveaux systèmes intelligents. Il est donc primordial d'identifier leurs principales caractéristiques et limites, pour envisager sérieusement leur application.

2.2.2 Les polymères électroactifs

Les polymères électroactifs: PEAs, constituent un groupe de matériaux dits intelligents, il s'agit de dispositifs électrochimiques capables de transformer l'énergie électrique en énergie chimique entraînant un déplacement mécanique[93]. Souvent on les appelle « muscles artificiels », ces composés organiques présentent les propriétés particulières d'être : légers et flexibles. Ils sont fortement influencés par la corrélation entre leurs propriétés mécaniques, électriques et chimiques, ce qui explique la complexité de leur comportement[94].

Ces polymères ont commencé être utilisés en tant que nouveaux matériaux de mise en action. Ils ont des propriétés d'actionnement qui ne peuvent pas être assurées par les matériaux électroactifs usuels comme les céramiques électroactives (CEA), à cause de la rigidité de cette classe de matériaux. Ils possèdent par ailleurs de plus faibles tensions de mise en action et ont une plus faible densité (Tableau 5).

Propriétés	Polymères Électroactifs (PEA)	Céramiques Électroactives (CEA)
Déformation	> 10%	0.1 - 0.3 %
Contrainte (MPa)	0.1 – 3	30 – 40
Temps de réponse	µ-seconde – secondes	µ-seconde - secondes
Densité	1 - 2.5 g/cc	6 - 8 g/cc
Tension de mise en action	10 - 100 V/µ-mètre	50 - 800 V
Resistance à la rupture	Élastique, résiliente	Fragile

Tableau 5. Comparaison entre les PEAs et les céramiques électroactives [100].

L'étude des PEAs a commencé dans les années 1880 par Pierre et Jacques Curie[92]. Au début des années 50 Katchalsky et Kuhn[95] ont découvert les polymères stimulés chimiquement dont l'étude a ensuite été développée par Tanaka[96]. Ce n'est qu'à partir des années 1995[100,97] que l'on s'intéresse aux polymères stimulés électriquement. Bar-Cohen[90] a développé une classification de ces polymères, acceptée par la communauté scientifique. Cette classification est reportée dans le Tableau 6, elle divise les matériaux électroactifs en deux grandes familles qui se distinguent selon leur actionnement: la famille électronique et la famille ionique.

PEA électronique	PEA ionique
Polymère ferroélectrique (piézoélectrique, électrostriction)	Gel ionique
Electret	Composite *métal - polymères ioniques* (IPMC)
Polymère diélectrique	Polymère conducteur ionique (CPI)
Elastomère électrostrictif greffé	Nanotubes de carbone
Papier électroactif	Fluide Électro rhéologique
Elastomère électroviscoélastique	
Elastomère à cristaux liquides (liquid cristal elastomer)	

Tableau 6. Classification des polymères électroactifs selon leur mode d'actionnement[90].

D'après le Tableau 7 illustre les avantages et les inconvénients des PEAs électroniques et ioniques tels que décrits par Bar Cohen[90], parmi les caractéristiques les plus importantes des polymères électroniques sont on distingue: le champ électrique relativement élevé nécessaire pour leur mise en action, leur réponse rapide et durée de vie importante.

	Ionique	Electronique
Avantages	o Faible tension d'actionnement o Utilisable en fléchissement o déplacements importants o Champ électrique d'alimentation faible (10kV/m).	o . Fonctionne dans des conditions ambiantes o Fonctionne sur le long terme o Temps de réponse rapide o Fonctionnement statique sous champ constant (dc) o Durée de vie importante.
Inconvénients	o Réponse lente o Force relativement faible o - Couplage électromécanique faible o Hydrolyse possible dans l'eau o La fabrication et l'intégration du polymère sont très difficiles	o Champ électrique d'actionnement élevé (de 20 à 150 MV/m), o Nécessite de gérer les contraintes et les déformations o Dépend de la température de transition vitreuse. o Pour les ferroélectriques le fonctionnement à haute température dépend du point de curie

Tableau 7 illustre les avantages et les inconvénients des PEAs électroniques et ioniques tel que décrit par Bar Cohen [90].

Contrairement aux polymères ioniques, ils requièrent un champ électrique plus faible et peuvent présenter de grandes déformations via des phénomènes de gonflement induits par la mobilité des ions, ils requièrent aussi une tension d'alimentation faible mais ils sont plus lents et délicats à utiliser car leur principe d'actionnement est basé sur une migration ionique.

Une étude menée par la DARPA (Defense Advanced Research Projects Agency)[98] qui a permis d'effectuer une comparaison entre différents types de PEAs propose une classification qui compare les polymères électroactifs avec les muscles naturels, les céramiques piézoélectriques, les actionneurs magnétiques (PZT) et les alliages à mémoires de forme (SMA Shape Memory Alloys).Celle-ci est illustrée par les deux graphes de(Figure 16 (a) et (b)).

Le premier graphe (Figure 16 (a)) illustre les contraintes en fonction de la déformation pour les différentes familles, le fait que les matériaux piézoélectrique donnent des faibles déformations pour des fortes contraintes alors que les PEAs, notamment les actionneurs diélectriques, ont une grande déformation pour de plus faibles contraintes. Il peut aussi être utile de classer les PEAs en fonction de leur densité d'énergie élastique, en mode actionneur. Par exemple, il apparaît que les autre PEAs ont une plus basse densité d'énergie que élastomères diélectriques.

Le deuxième graphe (Figure 16 (b)) présente le travail spécifique en fonction de la fréquence de fonctionnement. Nous remarquons que les matériaux piézoélectriques peuvent fonctionner jusqu'à 100 kHz alors que le fonctionnement des actionneurs utilisant des PEAs est beaucoup plus faible (<1 kHz). Ceci sera un facteur limitant pour un certain nombre d'applications.

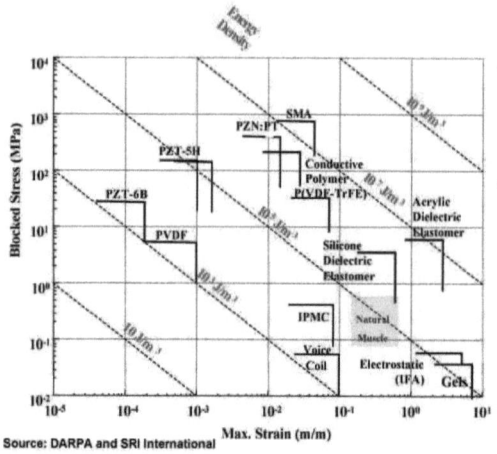

(a)

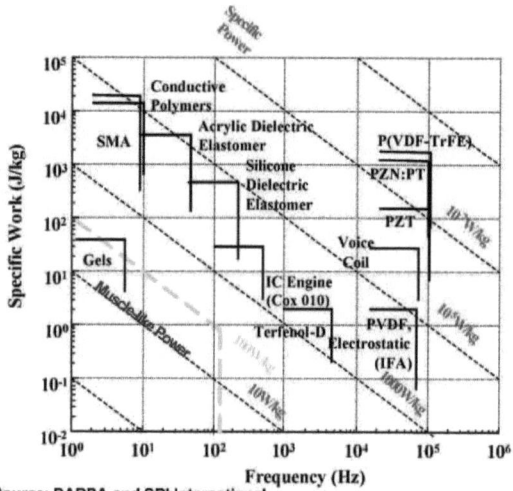

(b)

Figure 16 (a) Contrainte-déformation pour différents matériaux électroactifs,[104] (b) Travail spécifique-fréquence pour différents matériaux électroactifs.

Dans ce qui suit nous développerons les définitions de certains matériaux PEAs.

2.2.3 Les polymères piézoélectriques

Découverts en 1969, les seuls polymères mettant en évidence des déformées suffisamment notables pour permettre leur utilisation sont des polymères semi-cristallins. Leur structure se base sur la répartition de cristaux polarisables dans un milieu amorphe. Un champ électrique de l'ordre de 50MV.m^{-1} affecte l'orientation cristalline du polymère (à comparer au 2 MV.m^{-1} admissibles pour des céramiques PZT).

Actuellement, les seuls polymères répandus sont les films PVDF et leurs copolymères TrFe (trifluoroethylène) et TFE (tetrafluoroethylène)[99]. Ces polymères sont très flexibles et peuvent subir de grandes déformations.

2.2.4 Les gels ioniques

En anglais appelés « Ionic EAP », ce types de polymères constitue un matériau qui devient dense (contraction) ou gonflé (étirement) lors du passage d'un environnement acide à un environnement alcalin, ce passage pouvant être obtenu par l'application d'une différence de potentiel qui causera le mouvement des ions hydrogène à l'intérieur ou hors du gel[100]. Les actionneurs utilisant des « Ionic EAP » ont généralement la même structure qu'une pile, soit deux électrodes séparées par un électrolyte.

La variation de la température, du pH et de la nature du solvant environnant permet de passer d'un matériau plastique dur à un matériau mou et flexible. La Figure 17 montre la flexion d'un gel de polyacrylamide provoquée par l'application d'une différence de potentiel responsable d'une différence des taux de diffusion d'ions dans le gel et l'électrolyte.

Des gels ioniques ont été utilisés pour construire des pinces à mâchoires parallèles et des sphincters artificiels urétéraux. Cependant pour la plupart, ils sont au stade de prototype sans un réel développement applicatif.

Figure 17 . Gel ionique a l'état initial (a) et une fois active (b) ; Les flèches indiquent le sens de la déformation.

2.2.5 Les papiers électroactifs

Un papier électroactif est un papier en cellulose, il est composé de plusieurs particules (fibre naturelle) formant un réseau et combinant des propriétés piézoélectriques à une migration ionique. Cette feuille est prise en sandwich entre deux électrodes fines (argent, or, platine...) déposées par vaporisation, métallisation ou autre procédé courant[101].

Au moment de l'application d'une tension électrique aux électrodes, la feuille se déplace mécaniquement. L'actionnement de ce matériau est une combinaison de l'effet piézoélectrique, d'une migration ionique et d'une permittivité diélectrique spatiale non-uniforme due à l'absorption de l'eau. Ces matériaux constituent la famille la plus récente des polymères électroactifs et sont étudiés depuis l'an 2000[102,103,104].

2.2.6 Les composites polymeres-metal ioniques (IPMC)

Les composites polymère métal ionique, en anglais (Ionic Polymer Metal Composites : (IPMC) sont une des variétés des PEAs [105], et sont composés d'une membrane échangeuse d'ions (anion ou cation) sur laquelle a été déposé un métal pour former des électrodes. Ils sont constituent d'un matériau qui se courbe en réponse d'une application d'un champ électrique par migration ionique au sein d'une membrane sélective d'ions. Ces systèmes sont réalisés à partir de membranes organiques conductrices d'ions telles que le Nafion et le Flemion sur lesquelles sont déposées des électrodes en platine ou en or.

La Figure 18 décrit le principe de fonctionnement de ce type de matériau. L'application d'un champ électrique entre les électrodes crée des forces électrostatiques d'attraction et de répulsion.

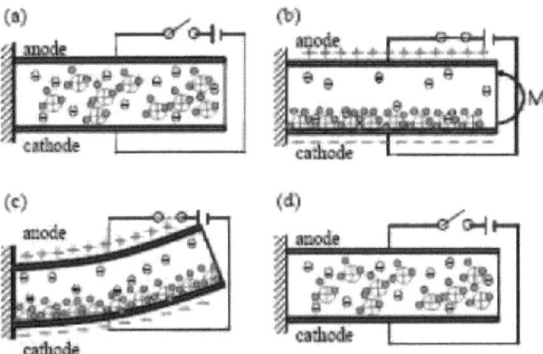

Figure 18. Principe de fonctionnement d'un IPMC (a) Répartition des ions à l'état initial (b) Répartition des ions suite à l'application d'un voltage (c) Flexion de l'IPMC   (d) Retour à l'état initial.[107]

Ce type de matériau a été utilisé dès 2003 au Japon à des fins commerciales par les sociétés Ikeda-Eamex Corporation et Daiichi Kogei dans la fabrication de poissons robots dont le mouvement est obtenu grâce à un polymère type IPMC.

Les IPMCs montrent également leurs utilités au travers d'une pince à quatre bras permettant la saisie d'objet comme observé dans la Figure 19.

L'application d'une tension permet le mouvement d'un bras.[107]

Figure 19. Exemple de pince composée de quatre bras indépendants réalisés en IPMC.

2.2.7 Les Polymères Conducteurs Ioniques (CP)

Les polymères conducteurs ioniques (CP) constituent un matériau sujet à des réactions d'oxydoréduction qui induisent des variations de volume lors de l'application d'une différence de potentiel[106]. Selon le sens de cette différence de potentiel il y aura insertion ou rejection d'ions entre le matériau et le milieu environnant. Ce qui induira un changement de volume en raison de l'échange d'ions avec l'électrolyte.

Figure 20 : µ-origami à base de polymère conducteur [107,108].

La Figure 20 montre l'actionnement d'une bicouche Or / polypyrrole structurée en µ-origami.

Le polypyrrol et, le polyaniline sont les polymères conducteurs les plus largement utilisés. A l'Université du Texas, Wu et al.[109] travaillent sur la fabrication des nerfs de guidage nerveux à base de polymère conducteur (le polypyrrole) afin d'obtenir la régénération de cellules nerveuses du cordon vertébral. Il a été démontré que la charge électrique renforce considérablement cette régénération nerveuse[110]. Cette étude a montré tout l'avantage de ce type de polymère conducteur en les utilisant comme nerf stimulant. Actuellement, plusieurs laboratoires et entreprises développent des polymères conducteurs pour en faire des actionneurs. Nous pouvons citer notamment Micromuscle AB Westmansgatan (suède), Artificial Muscle Inc. (AMI) fondé en 2003 par SRI International déjà précurseur dans la recherche en PEA, Santa Fe Science and Technology (USA), et EAMEX Corporation (japon) et Molecular Mechanisms LLC (USA).

2.2.8 Les polymères ferroélectriques

Les polymères ferroélectriques sont constitués d'une phase cristalline polaire appartenant à un groupe de symétrie cristalline bien définie et d'une phase amorphe dans laquelle aucune symétrie n'existe Figure 21[111]. La stabilité de l'orientation des dipôles dans les polymères dépend des interactions mécaniques et électroniques à courte distance à l'intérieur des cristallites et à longue distance entre les zones cristallines.

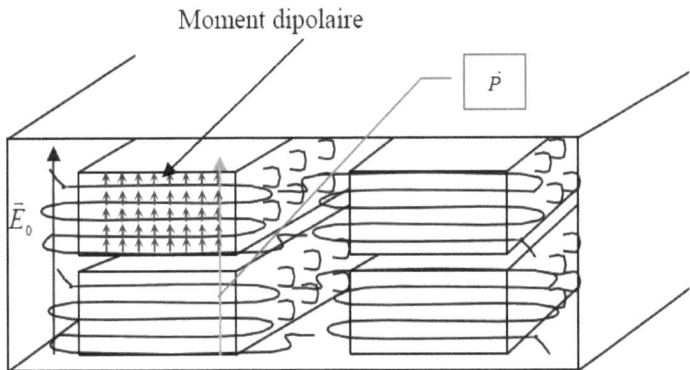

Figure 21: Représentation schématique d'un polymère ferroélectrique semi- cristallin.

La ferroélectricité des polymères provient de la présence de dipôles permanents intrinsèques à l'unité constitutive[112]. L'application d'un champ extérieur tend à orienter ces dipôles dans le champ local, créé par l'ensemble des autres dipôles. Les polymères ferroélectriques sont donc des matériaux polaires tels que les polyamides impairs, le polymère fluoré P(VDF) ou le copolymère P(VDF-TrFE).

Les polymères ferroélectriques peuvent être exploités comme actionneurs dans l'air, sous vide ou dans l'eau. Les polyvinylidenefluoride (PVDF) (Figure 22) et ses copolymères sont les matériaux les plus exploités dans la famille des ferroélectriques[113]. L'inconvénient principal de ce type de polymère est l'effet d'hystérésis.

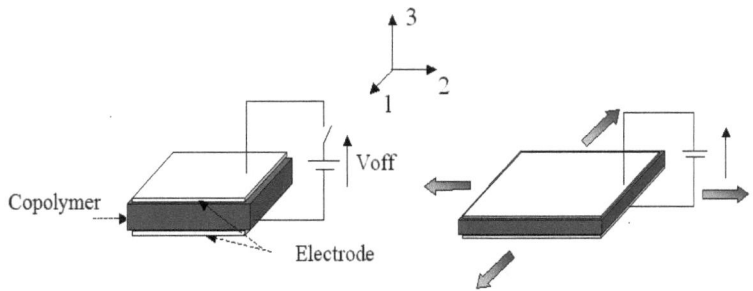

Figure 22 Schéma d'actionnement de type flexion obtenu avec un polymère ferroélectrique : dans l'état initial (partie gauche) et dans l'état actionne (partie droite).

La ferroélectricité des polymères est principalement liée à la nature cristalline du matériau, l'amélioration de la polarisation macroscopique est réalisée par desprocédés de traitements thermiques et d'étirement mécanique afin d'augmenter le taux de cristallinité ou de donner une orientation préférentielle aux cristallites.

2.2.9 Les Electrets :

Un électret est un diélectrique ayant une conductivité électrique quasiment nulle. Dans l'électret, les porteurs de charge sont séparés et figés, créant ainsi un matériau polarisé de façon quasi-permanente, le temps de relaxation des charges $\tau = \rho \cdot \varepsilon$,avec τ=temps de relaxation, ρ=résistivité et ε = permittivité.

Bien que le terme d'électret soit apparu dès 1892, le premier électret ne fut fabriqué qu'en 1919 par Wentachi. En 1925, Eguchi développe une méthode permettant de fabriquer des électrets[114] à partir d'un mélange de 45% de cire de carnauba, 45% de résine de colophane et 10% de cire d'abeille. Le tout fut porté à la température de fusion (130 °C) avant d'être refroidi en présence d'un fort champ électrique. Lorsque le mélange est liquide, les molécules sont libres de se déplacer et donc de s'orienter selon la direction du champ électrique. Le champ est retiré lorsque le mélange a refroidi et les molécules polaires gardent leur orientation permettant d'obtenir une polarisation rémanente de l'ordre de 0.01 à 0.1 mC / m² et ceci pendant plusieurs années.

Aujourd'hui, la recherche sur les électrets est encore très active et de nombreux matériaux tels que le CYTOP, le Téflon (PTFE), Polypropylène (PP)… ont été testés comme électrets et les résultats se sont montrés très encourageants. Les électrets issus des technologies silicium standards ont également été améliorés si bien que des électrets stables positifs et négatifs ont pu être obtenus.

Dans les électrets et les diélectriques en général, il existe deux types de charges d'espace :

- Les homo-charges : elles proviennent de l'implantation ou de l'injection directe de charges à partir des électrodes lors de l'application d'un champ électrique.

- Les hétéro-charges ou charges séparées qui résultent d'un phénomène interne de répulsion et de migration des charges vers les électrodes du diélectrique. Elles proviennent :

➢ Soit d'une migration macroscopique des charges qui apparaissent le plus souvent comme un phénomène non stable.
➢ Soit de la migration microscopique de charges créant des dipôles.
➢ Soit de l'orientation dipolaire d'un corps ne présentant pas de centre de symétrie.

L'intérêt des propriétés des électrets est dû aux procédés de polarisation qui sont de trois types :

2.2.9.1 Les thermo-électrets[120] :

Ils sont d'abord polarisés à une température élevée (100 à 150 °C) puis refroidis en présence du champ électrique appliqué.

2.2.9.2 Les photo-électrets[120] :

Le principe de polarisation est le même que celui des thermo-électrets à la différence que l'excitation est lumineuse.

2.2.9.3 Les électro-électrets[120] :

Ils sont obtenus par implantation directe des porteurs de charges au sien du matériau au moyen par exemple d'un canon à électrons.

Exemples d'électrets: le Polypropylène (PP), le Téflon (PTFE).

L'électret peut être utilisé comme une source électrostatique servant à polariser le polymère diélectrique en remplaçant le circuit de charge pour qu'on puisse avoir un système autonome du à l'hybridation.

Pour les électrets dans notre travail le choix s'est orienté autour de cinq matériaux à savoir CYTOP, PA, PP, Teflon PTEFE

2.3 Conclusion

Dans ce chapitre, nous avons présenté les différents types de polymères, leurs principales caractérisations électriques, leurs propriétés et leur domaine d'application. Nous avons établi un état de l'art complet avec quelques exemples d'applications existantes utilisant les polymères électroactifs dans le but de montrer les caractéristiques de chaque type et d'introduire certaines nouvelles notions qui seront utilisées dans la suite du manuscrit.

Au cours de cette étude bibliographique, nous avons présenté les différentes classes de polymères électroactifs, leurs principales propriétés en mode actionneur et générateur et leur domaine d'application.

Chapitre 3

Elaboration, caractérisation et des PEAs

3.1 Introduction

Le chapitre précédent a permis de mettre en avant le caractère innovant des matériaux de type polymère électrostrictif mais aussi des électrets pour les applications visées. L'objectif de ce chapitre consiste à sélectionner les matrices de polymères à étudier, mais aussi de présenter les méthodes d'élaborations développées au LGEF , ainsi que d'effectuer leur caractérisation d'un point du vue électrique et mécanique.

3.2 Choix des matrices

Nous avons choisi pour ces travaux de thèse des élastomères de type polyuréthane (TPU 58 888) et terpolymère P(VDF-TrFE-CFE) qui présentent des caractéristiques intéressantes en vue de leurs intégrations dans des systèmes µ- électromécaniques (MEMS), mais aussi en termes de réponse électromécanique[115,116,117,118,119]. Pour les électrets le choix s'est orienté autour de cinq matériaux à savoir CYTOP, PA, PP, Téflon PTEFE.

3.2.1 La matrice de polyuréthane

Les élastomères PU ont des avantages tels que : des modules mécaniques variables, une haute résistance chimique et à l'abrasion, des propriétés mécaniques et élastiques réversibles à grande déformation et une bonne biocompatibilité avec le sang et les tissus[120].

Les matériaux polyuréthane occupent une place importante dans l'industrie des matières plastiques en raison de leur grande diversité :

➢ de structure : Ils peuvent être linéaires, éventuellement segmentés (ce sont des thermoplastiques) ou réticulés (ce sont des thermodurcissables).

➢ de composition chimique : Un grand nombre de précurseurs existent et peuvent être combinés pour aboutir aux propriétés désirées. Outre les groupements uréthane, ces polymères peuvent contenir des groupements ester, éther (chaîne de segment souple), ainsi que urée, biuret, allophanate (souvent produits de réactions secondaires).

En raison de cette diversité, il est possible d'adapter les propriétés chimiques et physiques des matériaux aux applications qu'ils trouvent dans de nombreux domaines : caoutchoucs, peintures, vernis, revêtement...

Les propriétés intrinsèques d'un PU dépendent de plusieurs facteurs notamment la composition individuelle et la longueur des segments [121,122,123], la séquence de la distribution de longueur de chaînes et la masse moléculaire du PU synthétisé, la nature chimique des unités composées[124], les réticulations physiques entre chaînes et segments[125], la morphologie à l'état solide, le degré de cristallinité des deux segments[127], mais également l'histoire thermique[126],[127],[128] et même la méthode de synthèse[129],[130]. Des variations compositionnelles et les conditions opératoires sont connues pour affecter le degré de séparation de phases en créant des domaines de différents types et donc affectent les propriétés globales[131],[132]. Le schéma de la Figure 23 présente deux segments intégrés dans la chaîne PU créant deux types de domaines : domaines riches en segments rigides (DSR) et domaines riches en segments souples (DSS).

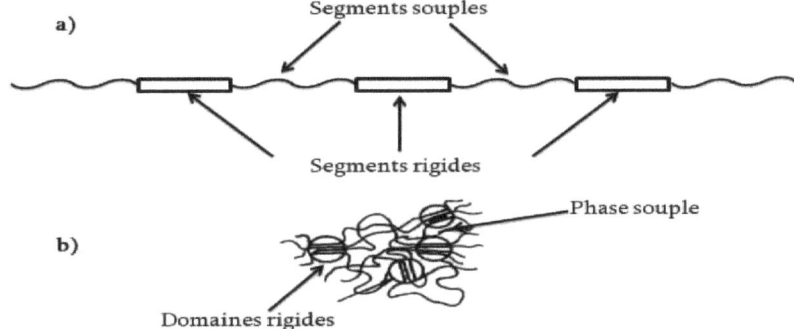

Figure 23: Schéma représentant (a) la structure d'une chaîne PU segmentée en copolymère à blocs, souple et rigide, et (b) la séparation en deux domaines de phases dans la totalité du matériau polymère[122]

A température ambiante, au dessus de la température de transition vitreuse (Tg) des SS, ceux-ci bougent facilement et les PUs se comportent comme du caoutchouc avec des propriétés élastomères. Par contre, en dessous de Tg et de Tm (température de fusion des SR), ces derniers assurent la stabilité dimensionnelle du PU[133]. Au vu de cette structure particulière, l'ajout des nanocharges dans une matrice de polyuréthane semble très prometteur, car cela permet d'accroître les espaces de piégeages des charges.

Le polyuréthane est un polymère d'uréthane, une molécule organique. Il est facile à fabriquer, à faible coût, très flexible et de dimensions très facilement modulables. Contrairement à tous les polymères électro actifs qui nécessitent des champs électriques élevés allant jusqu'à 150 V / µm pour pouvoir observer une déformation importante, le polymère PU est capable de créer des déformations considérables sous champs électriques modéré de 20 V / µm.

3.2.2 *La matrice de terpolymère P(VDF-TrFE-CFE)*

Le polymère P(VDF-TrFE-CFE) a été trouvé en recherchant un matériau ayant des propriétés similaires à celles des matériaux ferroélectriques et qui présenterait une permittivité plus faible de façon à minimiser les pertes par réflexion. A cet effet, les polymères ferroélectriques tels que le PVDF sont de bons candidats mais leurs permittivités habituellement autour de 10 rend le potentiel d'agilité faible. Le terpolymère réalisé à l'institut Franco-allemand de recherches de St Louis (ISL), présente une constante diélectrique bien plus élevée puisque suivant la composition du matériau, elle varie entre 50 et 80[134].

La matrice de base du matériau est le polymère poly (vinylydene de fluor) (PVDF), associé au trifluoroéthylène (TrFE), dans lequel a été injecté des défauts de monomères de chlorofluoroéthylène (CFE). Les défauts entraînent des réponses améliorées du matériau[130]. Les trois polymères ont copolymérisé pour donné le terpolymère P(VDF-TrFE-CFE). La copolymérisation du CFE avec le P(VDF-TrFE) a pour effet d'éliminer le cycle de polarisation hystérésis et de créer un polymère ferroélectrique relaxeur[135]. De bonnes caractéristiques électromécaniques avec conservation des avantages de souplesse, de légèreté et de résistance mécanique élevée ont été observées.

Afin d'éviter le problème de la largeur d'hystérésis, le P(VDF – TrFE) a besoin d'être irradié. Mais il est aussi possible de procéder autrement en introduisant un composant, CFE ou CTFE, destiné à améliorer les performances du polymère puisqu'il s'agit d'avoir de grandes déformations tout en réduisant les pertes. Grâce à cette méthode, on obtient le P(VDF – TrFE – CFE), un terpolymère aux caractéristiques bien meilleures que celles des copolymères. Il est souvent utilisé pour son efficacité puisqu'il permet de récupérer dix fois plus d'énergie que les matériaux électrostrictifs.

3.2.3 *La matrice des électrets*

Aujourd'hui, la recherche sur les électrets est encore très active et de nombreux matériaux tels que le CYTOP, le Téflon PTEFE... ont été testes comme électrets et les résultats se sont montrés très encourageants.

3.2.3.1 *Téflon PTEFE*

Le PTFE est un excellent matériau pour les électrets (les molécules sont orientées dans une certaine direction sous l'influence d'un champ électrique temporaire), mais il n'est pas compatible avec les méthodes de fabrication des MEMS (difficulté de déposer des couches minces).

3.2.3.2 Le CYTOP

Le CYTOP , dont il est question dans cette thèse est une innovation dans le domaine des fluoropolymères. Il est en effet compatible avec les technologies MEMS et même pour les capteurs flexibles. Dans cette étude bibliographique, Y. Sakane et al. ont développé un nouvel électret (en introduisant du silane dans le CYTOP[136])pour améliorer la densité de charges surfaciques et la stabilité thermique. Il y a 3 types de CYTOP commercialisés : CTL-S, CTL-A et CTL-M. Le CTL-M d'après différentes expérimentations possède la plus grande densité de charges surfaciques des 3 (Figure 24)[137] ; la plus grande stabilité thermique (Figure 25 a, b et c) et un bon spectre de décharge thermique (Figure 25 d).

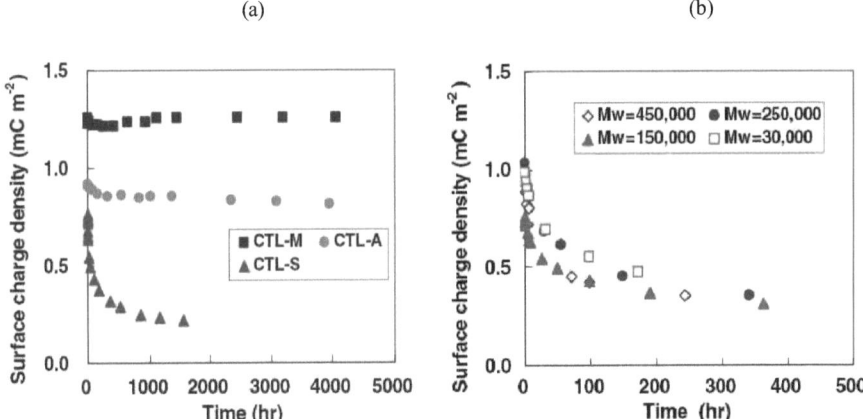

Figure 24 :Evolution temporelle de la densité de charge surfacique

a)pour différentes masses de CTL-S

b)pour différents groupes: CTL-S,CTL-A,CTL-M(15 μm) [138].

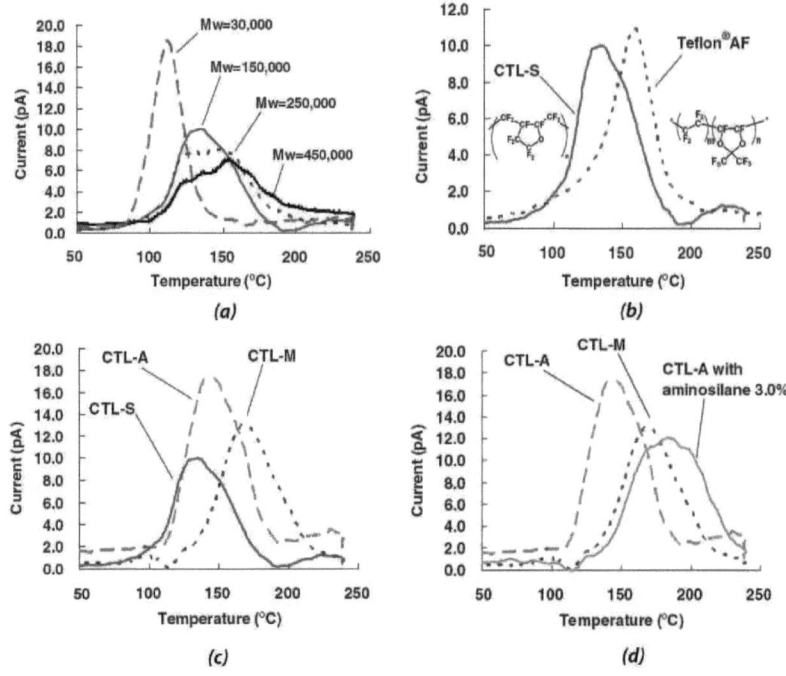

Figure 25: Spectre de décharge thermique du CYTOP
a) pour différentes masses

b) comparé au Teflon®AF

c) pour les 3 types de CYTOP

d) pour le CYTOP CTL-A, CTL-M et CTL-A dope à l'aminosilane[139].

3.2.3.3 Polyamide

Le polyamide (PA11, PA12) est un polymère thermoplastique de la famille des polyamides aliphatiques élaboré par polycondensation d'amino-acides fabriqué par Arkema®.

La température de fusion est comprise entre 150-200 (°C), il est connu pour une résistance mécanique élevée, y compris à basse température, une bonne stabilité dimensionnelle y compris à température élevé et son module d'Young est d'environ 3 à 5 GPa[140].

3.2.3.4 Polypropylène

Le polypropylène (Figure 26) appartient à la gamme Appryl® fabriqué par Arkema, il est ductile dans les conditions usuelles de traction à température ambiante. Il est recyclable facilement avec une température de fusion de 145 °C, son module d'Young est d'environ 1200 MPa.

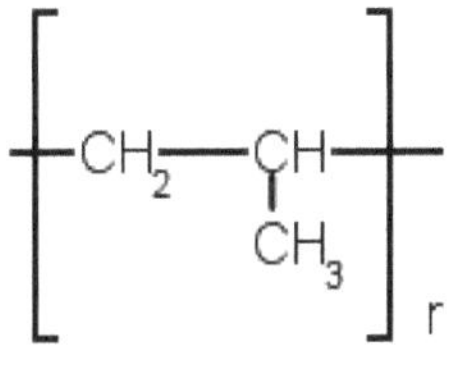

$$\left[-CH_2-\underset{\underset{CH_3}{|}}{CH}- \right]_r$$

Figure 26 : Polypropylène (PP)[141]

3.3   Choix des nano charges

Afin d'augmenter les caractéristiques électromécaniques des polymères électroactifs, on a recours à l'introduction de particules conductrices ayant une permittivité importante dans une matrice polymère. La dispersion de ces particules provoque une accumulation des charges entre les deux milieux (matrice, particules). Ces charges ne participent pas seulement à la conduction, mais elles augmentent la polarisation inter faciale, donc la permittivité.

3.3.1   Définition d'un nanocomposite

Un nanocomposite est un matériau renforcé par des particules dont la taille est inférieure à 100 nm au moins dans une dimension et il résulte de l'association de matériaux de nature différente qui, de ce fait, ne se mélangent pas (non miscibles) et constituent une structure hétérogène. Cet assemblage confère au matériau résultant des propriétés qu'aucun des matériaux de départ ne possède individuellement.

Les composites avec des renforts µ-métriques ont montré certaines de leurs limites. Leurs propriétés résultent de compromis : l'amélioration de la résistance, par exemple, se fait au détriment de la plasticité ou de la transparence optique. Les nano-composites peuvent pallier à certaines de ces limites et présentent des avantages face aux composites classiques à renforts µ-métriques :

- Une amélioration significative des propriétés mécaniques notamment de la résistance sans compromettre la ductilité du matériau car la faible taille des particules ne crée pas de larges concentrations de contraintes.

- Une augmentation de la conduction et de la polarisation interfaciale (la permittivité) et de diverses propriétés notamment optiques qui ne s'expliquent pas par les approches classiques des composants.

La diminution de la taille des renforts que l'on insère dans la matrice conduit à une très importante augmentation de la surface des interfaces dans le composite. Or, c'est précisément cette interface qui contrôle l'interaction entre la matrice et les renforts, expliquant une partie des propriétés singulières des nano-composites. A noter que l'ajout de particules nanométriques améliore, de manière notable, certaines propriétés avec des fractions volumiques beaucoup plus faibles que pour les particules µ-métriques et que le seuil de percolation est atteint avec d'assez faibles taux de nanoparticules

Les nanorenforts ont au moins une de leurs dimensions morphologiques inférieure à 100 nm et peuvent être classés en fonction de leur géométrie :

- Les nanoparticules, souvent de forme sphérique et de quelques nanomètres de diamètre).

- Les nanofils (ex : nanotubes de carbone) ou nanofibres (fibres de polyester), de longueur variable et de quelques nanomètres de diamètre.

- Les nano-feuillets (ex : nano-feuillets d'argile) ayant la forme d'une feuille de papier de quelques nanomètres d'épaisseur.

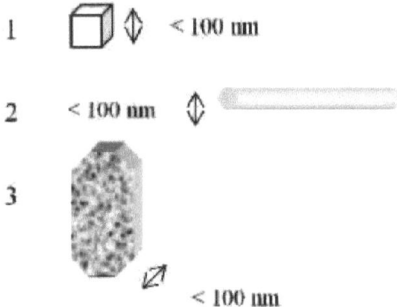

Figure 27 : Les différentes structures de nano-renfort
(a). nanoparticules (b). nano-fils (c). nano-feuillets[142]

Cette partie a permis de mettre en avant les matériaux qui seront utilisés pour la suite de l'étude.

Comme indiqué dans la littérature[143], les particules conductrices sont employées pour améliorer les propriétés d'électrostriction et aussi est une solution intéressante pour l'augmentation de la permittivité. La dispersion de particules conductrices provoque une accumulation de charges à la frontière entre les deux milieux (matrice, particules). Ces charges libres présentes dans le polymère ne contribuent pas seulement à la conduction, mais elles augmentent la polarisation interfaciale, donc la permittivité. L'étude expérimentale de la conduction d'un milieu statistiquement aléatoire, avec des inclusions conductrices et non conductrices, indique qu'en dessous d'une certaine concentration de ses inclusions, le milieu est isolant et au dessus de cette concentration, le système est conducteur. Pour une fraction ϕ d'inclusions conductrices, plus faible que la fraction critique ϕ_c il peut y apparaître seulement des amas conducteurs localisés, isolés les uns des autres. Lorsque le dopage atteint la valeur critique ϕ_c appelée "seuil de conduction ou de percolation", déterminé expérimentalement, un amas conducteur continu apparaît[144]. Ce seuil dépend fortement de la taille des particules et de leur forme[145]. Malheureusement le maximum de permittivité est obtenu pour les valeurs proches de la percolation comme l'illustre la Figure 28 et l'équation ci-dessous [146].

$$\varepsilon = \varepsilon_i \left| (\phi_c - \phi) / \phi_c \right|^{-q} \qquad (2)$$

Avec q est l'exposant critique de constante diélectrique.

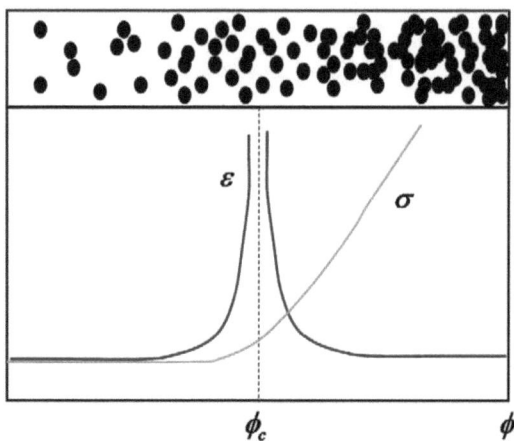

Figure 28 : Evolution schématique des propriétés électriques dans un système binaire percolant

Malgré l'inconvénient que la permittivité augmente en parallèle avec la conduction donc les pertes, des résultats encourageants laissent supposer que cette méthode de charge est très prometteuse pour l'augmentation des propriétés électro-mécaniques des PEAs[147]. A titre d'exemple, les résultats de Zang et al. [148] sur P(VDF-TrFE) chargés avec 40% en masse de cuivre-phthalocyanine olygomer ont montré une augmentation d'un facteur 10 de la permittivité (40 à 425), pour des pertes tan δ=0.7.

Les propriétés diélectriques des composites dépend de la fraction volumique, la taille et la forme de charges métalliques comprenant la procédure de préparation, la liaison entre les charges et la matrice ou entre les phases conductrices et non conductrices[149,150,151] les composites avec différentes charges, Fe, Ag, W, Zn, Cu, et Ni sont aussi des candidat pour l'augmentation des propriétés électriques, le Cuivre (Cu) est avantageux en raison de son faible densité (8.94 g/cm^3) et petit prix. En particulier, Qureshi et al. Ont constaté que la permittivité des composites chargés par des particules de Cu est plus haut que des charge d Aluminium (Al) dans des composites de types PVC ou PMMA. [147]

Dans notre travail, on étudie le comportement diélectrique des composites types : PU et P(VDF-TrFE-CFE) chargés avec des nanoparticules de carbone (CB) et des charges de Cu , l'effet de la taille de charges sue la permittivité des composites a été également étudiée. Le Tableau 8 présente la taille moyenne des particules et la densité de charge.

Type de particules	Densité (g/cm^3)	La taille moyenne des particules
Nanoparticule de carbone (CB)	2.2	30 nm
Nanoparticule de Cuivre (NCu)	8.94	100 nm
µ-particule de Cuivre (MCu)	8.94	10 µm

Tableau 8 : La densité et la taille des charges.

3.4 Préparation des films

Plusieurs voies mènent à la mise au point des nano composites polymère/charge. Toutefois, les modes de dispersion les plus amplement traités dans la littérature sont:

- La polymérisation par voie in situ[92]
- La dispersion par voie solvant [92]
- La dispersion par voie fondue[92]

Dans chacune de ces méthodes, pour améliorer la dispersion ou l'adhésion polymère/charge, on utilise différents moyens : l'ajout d'un agent dispersant surfactant ou polymère, la fonctionnalisation des particules par des fonctions acides, amines ou des chaînes alkyles ou le greffage. il a été choisi de réaliser des composites par le procédé ex-situ, en utilisant la méthode par voie solvant, pour des questions de facilité de mise en place et de polyvalence de cette technique.

Les matériaux étant sélectionnés, l'objectif des prochains paragraphes sera de décrire les méthodes d'élaboration développées au LGEF.

3.4.1 Préparation de film polymère

Le processus d'élaboration présenté ci-dessous est décrit pour la réalisation d'un composite à l'aide de polyuréthane. Mais il peut être généralisé à d'autres types de matrices.

On peut décrire ce processus en trois grandes étapes :

➢ Dissolution des granules de PUs dans le solvant.

Le polyuréthane (PU) sous forme de granules est dissous dans le DMF à 75 °C sous agitation mécanique à l'aide d'une pale type demi-lune (vitesse de rotation=240trs/min). Il faut maintenir l'agitation et le chauffage jusqu'à la dissolution complète des granules et l'obtention d'une solution de viscosité moyenne.

➢ Dispersion des nanoparticules conductrices dans le solvant.

Cette étape consiste à disperser des particules dans un solvant, ici du DMF (N,N Diméthylformamide pur à 99.3%), il permet une bonne dissolution du Polyuréthane. Elles sont dispersées à l'aide d'une sonde à ultra-sons (UP400S Hielscher) pour éviter la formation d'agrégats pendant 10 minutes dans les conditions suivantes.

➢ Mélange des deux solutions précédentes et évaporation du solvant jusqu'à obtenir une solution suffisamment visqueuse pour le dépôt des films.

On mélange les nanoparticules préalablement dissoutes dans du DMF avec la matrice de polymère, le tout sous agitation mécanique faible pour une température de 80°C, le temps de traitement est variable selon la quantité désirée. Il faut attendre que la solution ne soit pas trop visqueuse. Elle est ensuite versée dans une boîte de pétri, elle peut aussi être déposée à l'aide d'une tournette pour une épaisseur plus homogène. Une étape de dégazage peut être nécessaire si la solution est très visqueuse et/ou si elle contient beaucoup de bulles, elle sera réalisée sous une cloche à vide pendant 10 à 15 minutes. Ensuite l'échantillon sera placé dans une étuve à 60 °C durant 12 h au minimum. Finalement le film peut être décollé de la boîte de Pétri. Celui-ci est recuit pendant 3 h à 130 °C pour évaporer les restants de solvant.

La Figure 29 illustre le principe de réalisation des films composites :

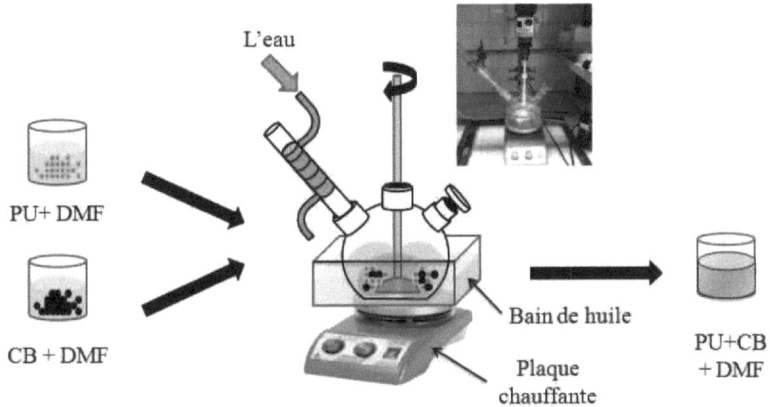

Figure 29: Principe d'élaboration des nanocomposites

3.4.1.1 Technique de film-casting par l'applicateur de film

Compte tenu des inconvénients du dépôt à la tournette cités précédemment, nous avons élaboré une autre technique plus appropriée : il s'agit de la technique de solution-casting avec une lame inox réglable.

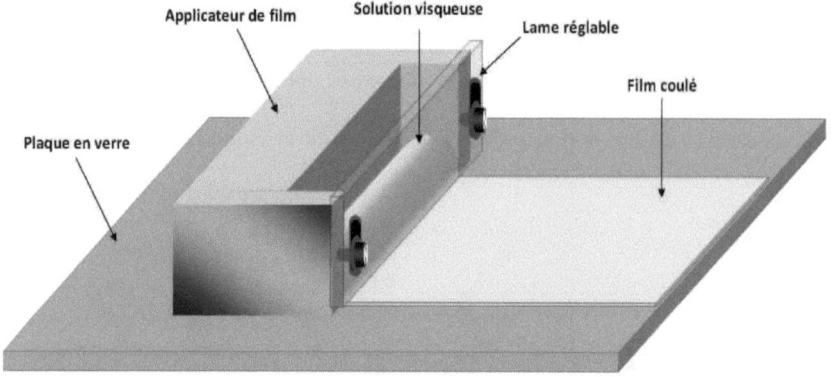

Figure 30 : Applicateur de film à lame réglable d'Elcometer ® 3700 / 3 permettant le dépôt d'un film liquide à partir d'une solution visqueuse sur une plaque en verre à surface lisse.

Les cales d'ajustement disponibles avec l'applicateur 3700 d'Elcometer présenté sur la Figure 30 couvrent la gamme d'épaisseur de 30 – 4000 μm. L'épaisseur du film après séchage est réduite d'un facteur proche de 10 par rapport à celle du film liquide (épaisseur de la cale d'ajustement).

3.4.2 Préparation des électrets

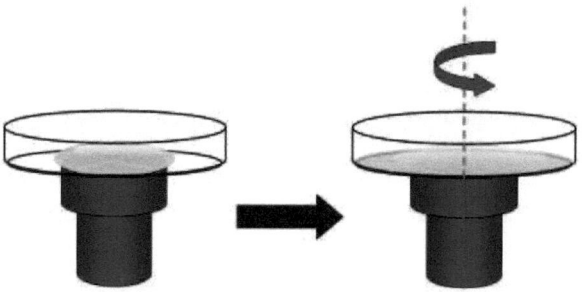

Figure 31 : Schéma représentant la technique « Spin-coating ».

Les surfaces sont fabriquées sur substrat de verre (verre Industrie, France). Le matériau hydrophobe est du CYTOP (CTL-809 de la société AGC, Japon).

Dans un premier temps, nous avons préparé des films à partir de solutions visqueuses avec la technique «Spin-coating ». Comme schématisé dans la Figure 31, le disque en verre est maintenu par aspiration sur l'axe de rotation. Une certaine quantité de solution est placée au centre. Deux étapes à deux vitesses différentes sont réalisées, une pour répandre doucement la solution et l'autre rapide pour atteindre l'épaisseur attendue. Ces vitesses sont optimisées par rapport à nos expériences vers 200 – 500 tr/min pendant 10–15secondes pour la première étape et 500–1000tr/min pendant 5–10secondes pour la seconde étape.

Idéale pour préparer des films de moins de 10 µm d'épaisseur[152] à partir de solutions quasi-liquides avec une vitesse assez rapide, par exemple supérieure à 2000 tr/min[153], cette technique n'est adaptée que pour le cas de solutions à viscosité connue où l'épaisseur peut alors être contrôlée par la vitesse de rotation. Par contre, il devient plus difficile d'obtenir des épaisseurs homogènes avec nos solutions préparées toujours en petit volume (<200 ml l'unité) et de viscosité mal contrôlée.

Après dépôt, le film liquide préparé à partir de la solution visqueuse est séché sous air dans une étuve à une température de 60 °C pendant environ 5 heures. Après décollage du film de la plaque de verre, un recuit supplémentaire à 120 °C pendant 1 heure en étuve ventilée est effectué pour éliminer le reste du solvant. Il faudra toujours réaliser ce traitement thermique dans les mêmes conditions afin que tous les échantillons aient une morphologie équivalente.

3.4.3 Méthodes de polarisation

3.4.3.1 Polarisation par plasma :

McKinney et al[154] ont utilisé une autre méthode proche de la précédente (par effet corona).

L'échantillon a été polarisé dans une chambre à vide de 200mTour et l'électrode portée à haute tension n'étant plus une aiguille, mais une plaque située à quelques centimètres.

3.4.3.2 Méthode de polarisation directe :

Cette méthode est la plus simple. Elle consiste à appliquer directement entre les deux faces métallisées de l'échantillon un champ électrique continu intense (supérieur au champ coercitif du matériau) à une température entre 100 °C et 120°C pendant quelques minutes[155].

Pour éviter le claquage de l'échantillon, il faut le mettre dans un bain d'huile de très haute résistivité (silicone par exemple). Parfois, pour obtenir des échantillons avec une très haute qualité, il est nécessaire de lisser l'échantillon sous champ et de baisser la température jusqu'à la température du milieu ambiant[156].

3.4.3.3 Méthode de polarisation par effet corona :

L'effet corona, appelé aussi effet Couronne, désigne l'ensemble des phénomènes liés à l'apparition d'une conductivité d'un gaz dans l'environnement d'un conducteur porté à haute tension. Cette conductivité est due au phénomène d'ionisation de l'air elle-même due aux charges électriques de l'air (pairs ions positifs - électrons libres, créés par rayonnement cosmique ou par radioactivité naturelle). Lorsque ces électrons sont soumis à un champ électrique, ils sont accélérés. Si le champ est assez intense, l'énergie qu'ils acquièrent devient suffisante pour provoquer l'ionisation des molécules neutres qu'ils heurtent(ionisation par choc). La masse de l'électron, beaucoup plus faible que celle l'ion, est fortement accélérée, et entre en collision avec des atomes neutres. Ce qui tend à créer de nouvelles paires électrons/ions positifs, qui suivront le même processus. On parle d'effet d'avalanche. Il se crée de nouveaux électrons libres, lesquels, soumis au même champ, vont également ioniser des molécules et ainsi de suite. Le processus prend une allure d'avalanche. Pour qu'une telle avalanche puisse se maintenir, il faut qu'elle atteigne une taille critique, et que le champ électrique ait une valeur suffisante. Dans les conditions normales de l'air cette valeur est voisine de 30 kV / cm et le phénomène évolue jusqu'au claquage de l'intervalle entre lesélectrodes[157].

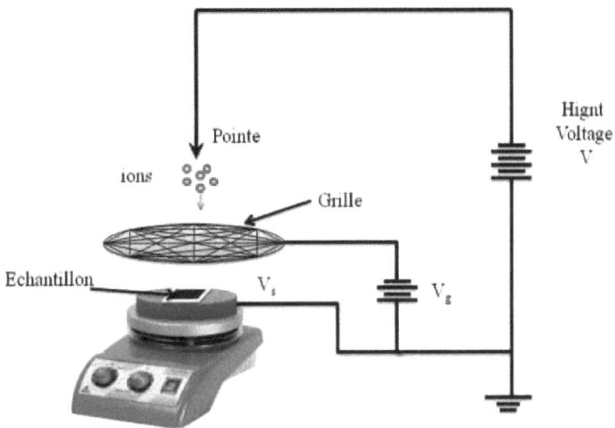

Figure 32: Polarisation avec effet Corona.

Selon la polarité de l'électrode Figure 32 l'effet corona est dit positif (si la polarité est positive). L'effet corona est dit négatif si cette polarité est négative[157].

3.4.3.4 Applications de l'effet corona :

L'effet corona a de nombreuses applications commerciales et industrielles :

- Production d'ozone
- Filtrage des particules contenues dans l'air (système d'air conditionné.)
- Traitement de surface de certains polymères.
- Photocopieur
- Laser à azote
- Séparation électrostatique de matières conductrices et non-conductrices

Cet effet est utilisé aussi pour améliorer les propriétés piézos et pyroélectriques des films ferroélectriques.

La polarisation par effet corona peut être effectuée à température ambiante, mais quelques fois la polarisation à température élevée a offre plusieurs avantages. Par exemple, elle augmente la mobilité moléculaire, permettant la rotation des molécules au cours de la polarisation. Un abaissement de la température en dessous de la température de transition vitreuse de la matière, permet de bloquer les molécules dans leur nouvelle orientation.

C'est cette méthode que nous avons retenu pour la polarisation de nos électrets.

3.4.3.5 Mesure du potentiel de surface :

Le potentiel de surface d'un échantillon (V) est le potentiel équivalent qui apparaît à la surface d'un échantillon dont la face arrière est mise à la masse. Il s'agit d'une image des charges électriques présentes dans le matériau observée au niveau de sa surface libre. En effet, l'équation de Poisson exprime le lien entre la distribution de charge (ρ) et le potentiel électrique ($V(x,y,z)$) par $\Delta V(x,y,z) = {-\rho}/{\varepsilon_r \varepsilon_0}$. En considérant une distribution de charges ne dépendant que de la profondeur (z), il apparait que :

$$V = \iint_{z\in[0,d]} -\frac{\rho(z)}{\varepsilon_r \varepsilon_0} dz dz$$

Ainsi, deux matériaux différents peuvent avoir le même potentiel de surface sans pour autant avoir la même répartition spatiale de leurs charges (Figure 33).

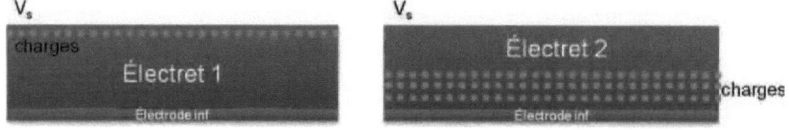

Figure 33. Potentiel de surface identique   répartition des charges identiques

Cette mesure est généralement effectuée par une sonde (Figure 34) ce type de voltmètre électrostatique a une précision de 5% de la lecture et de ±0.2% de la pleine échelle pour une distance sonde-surface de 15 à 30 mm.

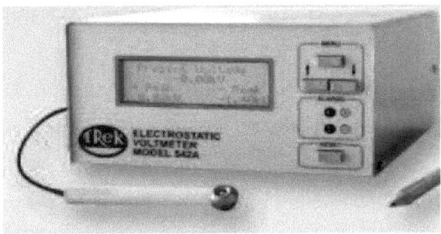

Figure 34 : Model 542A Series Electrostatic Voltmeter

Ceci permet de remonter à une densité équivalente de charges en surface grâce à la formule :

$$\sigma_e = \frac{\varepsilon_r \varepsilon_0 V}{d} \qquad (3)$$

Bien que cette mesure seule ne permette pas d'obtenir directement d'informations sur les représentations spatiale et énergétique des diélectriques chargés, elle est souvent la mesure de base des techniques que nous développerons par la suite. Son principal intérêt est sa facilité de mise en œuvre. De plus, elle permet d'obtenir le potentiel de surface V et le champ électrique $\vec{E}$.

3.4.3.6 Matériaux utilisés et propriétés

Les densités surfaciques de charge maximales qui ont été observées jusqu'à ce jour sont de 10 mC/m² avec des durées de vie estimées à plusieurs centaines d'années dans certains cas [69]. Il n'existe pas de moyen théorique permettant de déterminer la durée de vie des électrets et il n'est toujours pas possible d'expliquer pour quoi certains matériaux conservent leurs charges(certains plus de 400 ans selon les publications)et d'autres non, bien que des paramètres évidents comme les coefficients de pertes diélectriques (tan δ) entrent en jeu. La Figure 35présente l'évolution du potentiel de surface d'électrets fabriqués à LGEF à partir de différents matériaux (CYTOP, Teflon, PA, PP) et montre également que tous les matériaux ne réagissent pas de la même façon en matière de densité surfacique de charge. Il semble par exemple que le Téflon soit tout particulièrement bien adapté pour créer des électrets stables, tout comme le CYTOP.

Par ailleurs, les propriétés d'électrets de nombreux matériaux ont été testées. Le Tableau 9 présente les matériaux qui semblent fonctionner le mieux. Ce tableau n'est évidemment pas exhaustif vu le nombre de publications sur le sujet. De plus, il ne présente pas tous les traitements thermiques ni tous les traitements de surface qui ont permis d'aboutir à une bonne tenue des charges; il donne les meilleurs résultats obtenus dans les publications jusqu'à présent. La Figure 35 présente la décroissance du potentiel pour les deux types d'électrets en fonction du temps. Nous remarquons que le CYTOP garde une charge de surface plus importante par rapport au Polypropylène(PP).

Matériaux	Stabilité	Potentiel de surface (V)	Epaisseur (µm)
SiO_2	>350 jours	-353	1
Teflon PTFE	-3%/an	-2000	60
Teflon FEP[158]	-1%/an		127
Teflon AF[159]	-3% en 6 semaines	-85	1.6
CYTOP CTL-M	-1%/an	-3000	25
Polypropylène [160]	~10 ans	-120	50
Polyéthylène	-3%/mois	-2000	40

Tableau 9 : Matériaux possédant de bonnes propriétés d'électrets

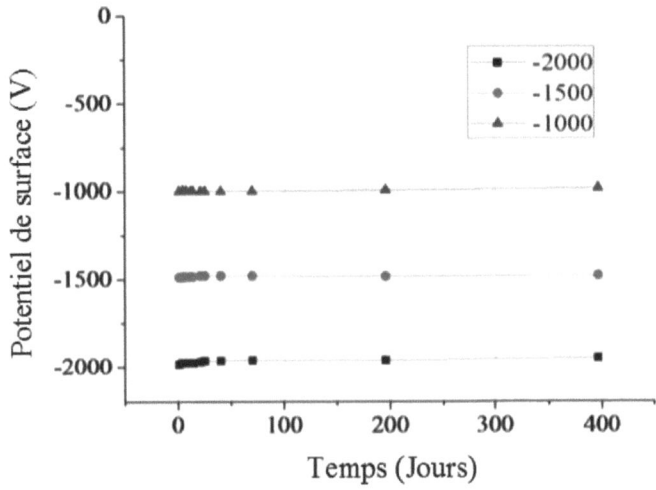

Figure 35. Courbes de décroissance de potentiel pour différents polymères

3.5 Caractérisation des matériaux

3.5.1 Observation de l'état de dispersion des nanoparticules par microscopie à balayage

La microscopie électronique à balayage (MEB) (Figure 36) est une bonne méthode qui permet d'observer l'état de dispersion du noir de carbone ou du cuivre ajouté dans la matrice polymère. Le film composite est fracturé dans l'azote liquide afin d'obtenir une surface bien lisse sans déformation ni trace de coupe. Les interactions des électrons incidents avec la matière créent différents signaux parmi lesquels les électrons secondaires, les électrons rétrodiffusés et les photons X. Les électrons secondaires permettent d'avoir accès à une information de type topographique. Il est possible de faire varier l'énergie des électrons incidents de 0,5 à 30 kV. L'observation à haute tension est possible si on réalise une métallisation à l'or des surfaces de quelques nanomètres d'épaisseur. Si le MEB a une résolution suffisante à basse tension, on peut aussi trouver les conditions d'équilibre des charges électriques et observer la zone d'intérêt en basse tension sans métallisation. Les images obtenues nous permettent de vérifier l'état de dispersion des nanoparticules distribuées dans la matrice du PEA telles qu'elles apparaissent à la surface des films et dans la section.

Figure 36 : La microscopie électronique à balayage

L'imagerie en mode transmission en MEB ou en MET sur des coupes à froid est également utile pour vérifier la dispersion des nanoparticules et étudier la morphologie du PU. Une technique de marquage du PEA avec du tétra-oxyde de ruthénium(RuO4) est possible afin de révéler la morphologie des phases séparées car ce composé ne réagit pas de la même manière avec les SS et SR. Cela devrait permettre de vérifier si nous avons une séparation de phases au sein de nos matériaux. Deux appareils ont principalement été utilisés dans ce travail, un ESEMXL30FEG de FEI, et un Supra55VP de Zeiss. Dans les deux cas, les observations ont été menées sous ultravide.

3.5.2 Caractérisation mécanique

Ces mesures sont réalisées à l'aide de la table à un degré de liberté Newport. La Figure 37 illustre le principe de fonctionnement. L'échantillon à tester est bloqué entre deux mors, un dit mobile car relié à la table à un degré de liberté, l'autre fixe car relié au capteur de force. La table Newport est commandée à l'aide d'un générateur de fonction connecté au contrôleur.

Les signaux délivrés parle capteur de force et le déplacement sont ensuite visualisés sur un oscilloscope. Il est possible d'obtenir une large gamme de déformation sur une bande de fréquence importante.

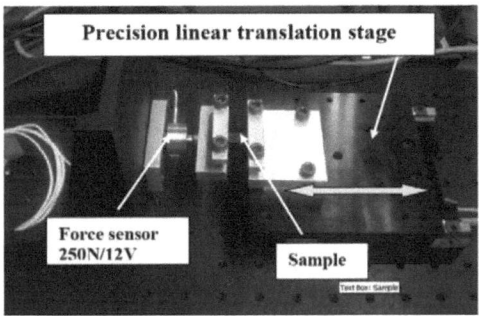

Figure 37: principe de fonctionnement du comportement mécanique

3.5.3 Caractérisation électrique

Un diélectrique parfait est un milieu non-conducteur susceptible de se polariser sous l'effet d'un champ électrique extérieur[161].Ces phénomènes se traduisent macroscopiquement par l'apparition des charges à la surface du polymère. Il résulte du déplacement des différentes entités présentes dans le milieu considéré(électrons, ions, dipôles…).Mais dans la plupart des cas il faut plus parler de diélectrique parfait, la polarisation est due à des mécanismes de déformation de la répartition des charges électriques sous l'influence d'un champ électrique. Cela se traduit par le fait que dans un champ électrique alternatif, la polarisation ne suit pas de façon instantanée. Cette relaxation induit une perte d'énergie. Dans le cas un condensateur ces pertes se traduisent par une résistance en parallèle avec une capacité. La description la plus simple des diélectriques «vrais» est abordée en introduisant le concept de permittivité complexe. En général, elle s'écrit sous la forme suivante :

$$\varepsilon^*(\omega,T) = \varepsilon'(\omega,T) - j\varepsilon''(\omega,T) \qquad (4)$$

ou ε' est la partie réelle de la constante diélectrique, ε'' est la partie imaginaire de la constante diélectrique complexe, ω est la fréquence angulaire et T est la température. Les deux parties sont fixées pour une fréquence et une température donnée. Le rapport de la partie imaginaire sur la partie réelle $\frac{\varepsilon''}{\varepsilon'}$ est appelé facteur de dissipation diélectrique qui est représenté par $\tan\delta$, où $\frac{\pi}{2}-\delta$ est l'angle entre la tension et le courant de charge. L'angle δ est connue sous le nom ''angle de perte''.

En pratique, il n'est pas possible de s'affranchir des pertes par conductions; en régime harmonique:

$$\tan\delta = \frac{\varepsilon'' + \left(\sigma_c / \omega.\varepsilon_0\right)}{\varepsilon'} \qquad (5)$$

La signification pratique de ces grandeurs se comprend, en introduisant la puissance absorbée en régime harmonique par unité de volume de diélectrique $P_V\left(W/m^2\right)$ dans un champ électrique de valeur $E\left(V/m\right)$ de fréquence $f(Hz)$.

$$P_V = 2\pi\varepsilon_0 E^2 f \varepsilon'' \qquad (6)$$

Pour des valeurs données de E et de f, l'indice de perte ε'' doit être maintenu aussi faible que possible pour éviter les pertes d'énergie. Cette perte d'énergie se traduit par un échauffement du polymère qui facilite le claquage.

À l'interface de deux matériaux diélectriques ayant une constante et/ou une conductivité diélectrique différente, les charges sont accumulées en fonction d'une excitation extérieure. Ainsi, une couche de dipôles induits par le champ électrique externe est formée à l'interface, ce qui entraîne une augmentation du champ de polarisation totale qui tend à augmenter la constante diélectrique. Ainsi, la conductivité ohmique est incluse dans la formule de la permittivité comme suit :

$$\varepsilon^*(\omega,T) = \varepsilon'(\omega,T) - j\left[\varepsilon''(\omega,T) + \left(\sigma(T)/\omega.\varepsilon_0\right)\right] \qquad (7)$$

La conductivité résultante du transport de charges est généralement indépendante de la fréquence angulaire. En augmentant la température, la conductivité augmente de façon exponentielle[162]. Expérimentalement, la conductivité σ et la résistivité ρ des polymères suivent la loi d'Arrhenius:

$$\rho = \rho_\infty exp\left(E_a/RT\right) \tag{8}$$

avec

$\rho_\infty \left(W/cm\right)$: La résistivité limite à température infinie,

$E_a \left(J/mol\right)$: L'énergie d'activation du phénomène,

$T(K)$: La température thermodynamique,

$R = 8.3147\ J/K.mol$: La constante des gaz parfaits.

Les polymères sont des matériaux à faible permittivité diélectrique (ε = 2-20) et ne satisfont pas aux exigences des applications de fortes capacités. Les céramiques inorganiques ont une permittivité diélectrique élevée souvent supérieure à ε' = 500 mais la température de mise en œuvre de ces matériaux est élevée. Le besoin de miniaturisation des composants électroniques requiert des couches sub-microniques difficilement réalisables à partir de matériaux inorganiques. La dispersion des phases inorganiques d'oxydes métalliques dans une matrice polymère est une alternative technologique à l'élaboration de capacités hautes performances.

En effet, les composites polymères chargés ont une meilleure compatibilité avec les circuits imprimés constitués de matériaux electroactive[141].De plus l'utilisation de nanoparticules inférieures à 300 nm permet de diminuer l'épaisseur des films permettant l'élaboration de nanocomposites lisses et sans défauts. Une dispersion homogène des nanoparticules est requise afin d'obtenir des propriétés homogènes et une permittivité diélectrique optimale.

Le principe est basé sur la mesure de la capacité du condensateur réalisé avec le matériau à étudier comme élément diélectrique ((Figure 38)).Ainsi, avant la caractérisation électrique, les deux surfaces des films doivent être couvertes d'une électrode d'or déposée par pulvérisation cathodique(Cressington 208 HR).Les propriétés diélectriques sont mesurées en utilisant l'interface diélectrique 1296 et l'analyseur d'impédances 1255 (Solartron).

Il consiste à appliquer une tension AC de 1 V à l'aide d'un générateur de fonction (Agilent 33220 A)sur le film polymère disposé entre deux électrodes en laiton à température ambiante, sur une bande de fréquence de 10^{-1} à 10^{6} Hz. L'admittance électrique, la capacité, la permittivité, le facteur de perte et la phase sont enregistrés pour calculer les propriétés diélectriques à partir de la surface d'électrode d'or et de l'épaisseur de l'échantillon. Ces mesures ont été menées au laboratoire MATEIS.

On peut calculer la conductivité électrique volumique complexe σ^* à partir de l'admittance complexe γ^* et des dimensions de l'échantillon, selon la relation ci-dessous :

$$\sigma^* = \gamma^* \frac{e}{A} \tag{9}$$

Où e est l'épaisseur du film testé et A est sa surface.

A partir de la capacité complexe C^* et les dimensions de l'échantillon, on peut calculer la permittivité complexe ε^* , définie par ses parties réelle ε' et imaginaire ε'' ainsi le facteur dissipatif de la permittivité $\tan\delta$, selon les relations suivantes :

$$\varepsilon^* = C^* \frac{e}{A} = (C' - jC'') \frac{e}{A} = \varepsilon' - j\varepsilon'' \tag{10}$$

$$\varepsilon_r = \frac{\varepsilon'}{\varepsilon_0} \tag{11}$$

$$\tan\delta = \frac{\varepsilon''}{\varepsilon'} \tag{12}$$

où ε_r est la permittivité relative, que l'on appelle également constante diélectrique réelle.

Le Tableau 10 présente les principaux résultats obtenus lors de la caractérisation électrique et mécanique pour les différents polymères et composites élaborés au LGEF. Cette synthèse nous permet de connaître l'influence des nanoparticules dispersées dans la matrice de départ sur les paramètres intrinsèques des polymères. Deux types de matrices ont été utilisées à savoir du PU et du P(VDF-TrFE-CFE). Elles ont été choisies en raison de bon rapport cout performance pour la matrice PU et aussi en termes de déformations mécanique importante typiquement supérieure à 10% avant transition plastique. La matrice de terpolymère P(VDF-TrFE-CFE) correspondant aux matériaux à haute performance de conversion mais limité en terme de déformation mécanique à 6%.Les deux matériaux recouvrent donc un spectre d'application large. Dans le but d'améliorer les propriétés électromécaniques le développement de composite à été développé pour les deux types de matrices. Les composites mises en œuvre consistent à disperser des particules conductrices dans une matrice diélectrique pour augmenter les mouvements dipolaires.

L'étude des propriétés électriques des matériaux a révélé plusieurs phénomènes intéressants, comme l'augmentation de la permittivité lors de l'ajout des particules dû au phénomène de polarisation interfaciale en base fréquence et de polarisation d'orientation pour la bande de fréquence (10 Hz à 100 kHz). L'ensemble de ces caractéristiques laisse pressentir une augmentation de l'activité électromécanique au sein de nos polymères. L'influence des charges sur l'amélioration des paramètres diélectriques a été montrée notamment l'augmentation de la permittivité diélectrique et du module de Young. Donc, il est primordial de réaliser des composites dotés d'une très grande permittivité diélectrique et d'un module de Young faible afin d'accroître le coefficient d'électrostriction.

Les matériaux utilisés pour l'étude ayant été caractérisé le prochain chapitre se focalisera sur l'hybridation des polymères électroactifs et des électrets, en passant par une modélisation corréler avec une approche expérimentale basée sur la réalisation de prototypes. En vue de l'application autour des systèmes autonomes communiquant

Echantillon	Epaisseur (μm)	Permittivité (0.1 Hz)	Permittivité (20 Hz)	Permittivité (1 KHz)	tgδ (%) (20 Hz)	tgδ (%) (1 KHz)	Modules d'Young (MPa) 2.5%def 0.1 Hz
PU Pur	50	6.3	5.6	5.3	7.5	3.0	38
PU pur	100	6.8	6.2	5.8	7.0	2.8	32
Ter 27 -3Cu nano	65	75.3	48.4	43.4	5.1	6.3	162
Ter 27 -3Cu micro	50	63	47	43	-	6	168
Ter 27 - Pur	70	74.9	46.7	42.9	4.1	6.1	179
Ter 30 - Pur	60	53.4	29.4	26.5	5.0	6.4	94
Ter 22	35	35.7	35.7	31.7	5.7	6.4	142
PU 1% C	65	18.5	8.2	7.7	11.6	3.4	45

Tableau 10 : Propriétés des polymères utilisés

Le module de Young des films a été évalué à l'aide d'une table de Newport.

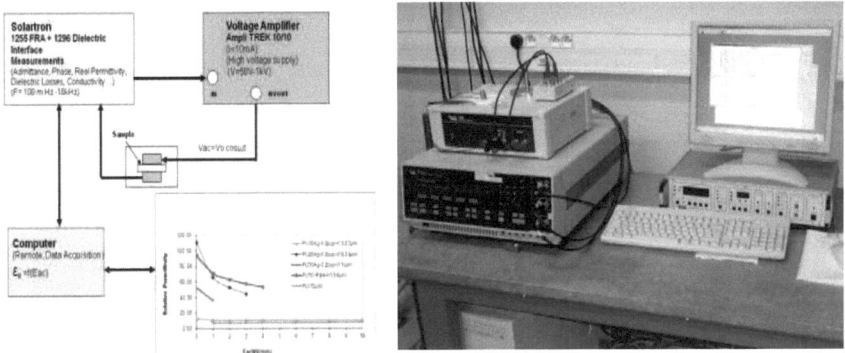

Figure 38: Banc de mesure SOLATRON laboratoire MATAIS

3.6 Conclusion

Dans ce chapitre, nous avons focalisé notre attention sur l'élaboration et la caractérisation des polymères électrostrictifs et les électrets dans le but d'identifier leurs propriétés intrinsèques qui jouent un rôle crucial sur les performances en améliorant la densité de puissance récupérable en mode générateur. Dans ce cadre, plusieurs points ont été traités.

Une étude bibliographique basée sur la description des principaux paramètres diélectriques et mécaniques des polymères électroactifs a été entreprise dans une première étape.

Une deuxième partie est consacré à présenter plusieurs partie :

- Les matrices choisis pour réaliser nos polymères électroactifs à base de polyuréthane (PU) ou le terpolymère semi cristallin comprenant du fluorure de vinylidène (VDF), trifluoroéthylène (TrFE), 1, 1 chlorofluoroethylene (CFE), (P(VDF-TrFE-CFE), et les électrets

-Les charges utilisées pour augmenter les caractéristiques des micro et nanocomposites développés au laboratoire (LGEF), à savoir des nanoparticules de noir de carbone (C) et des nanocuivre et µ-cuivre.

-Le processus de fabrication, parmi toutes les méthodes de dispersion explorées dans la littérature. Le choix d'une dispersion par voie solvant, à l'aide de DMF a été développée. Selon une étude effectue au LGEF sur la dispersion à deux échelles différentes (microscopique et macroscopique), cette méthode montre une dispersion homogène des charges dans les différentes matrices de polymères étudiés.

La dernière partie a été consacrée à l'étude des appareillages pour chaque caractérisation avec le protocoles de mesures a été mis en place afin d'assurer une bonne connaissance du comportement électrique ainsi que mécanique des polymères. L'étude des propriétés électriques de nos polymères a révélé plusieurs phénomènes intéressants, comme l'augmentation de la permittivité lors de l'ajout des particules conductrices dû au phénomène de polarisation interfaciale à basse fréquence et de polarisation d'orientation pour la bande de fréquence (10 Hz à 10^5 Hz).

Chapitre 4 Hybridation des polymères électrostrictifs et électrets pour les µ-générateurs

4.1 Introduction

Comme, il a été vu dans le premier chapitre, la récupération de l'énergie ambiante est une alternative d'une grande importance afin d'assurer l'autonomie énergétique d'appareils électroniques portables. Plusieurs travaux et solutions ont été envisagés dans ce sens, par notre groupe de recherche[163]. L'objectif de ce chapitre est l'amélioration du rendement de conversion des énergies ambiantes en énergie électrique afin d'augmenter les capacités des systèmes autoalimentés. L'optimisation de la conversion a été entreprise en jouant sur les caractéristiques intrinsèques des matériaux. Dans ce contexte, une des solutions qui s'offre à nous pour rendre les dispositifs autonomes est l'usage de générateurs électrostrictifs avec technologie hybride où la polarisation sera produite par un élément actif type électret.

Ce chapitre, concernera donc la modélisation et la réalisation expérimentale des prototypes pour la récupération d'énergie du mouvement vibratoire utilisant les polymères électrostrictifs. Le modèle proposé a pu être confronté aux mesures expérimentales.

4.2 Le principe de base de la récupération d'énergie

Dans l'électrostriction, le matériau subit un seul effet contrairement à la piézoélectricité, c'est-à-dire qu'une contrainte n'entraîne pas de polarisation du matériau[164,165].Ce matériau est alors dit passif. Pour convertir de l'énergie mécanique en électricité, le polymère doit subir des cycles énergétiques, en d'autres termes le polymère « ne doit pas suivre le même chemin» lors des on étirement (chemin A) et lors de sa contraction (chemin B), chemins représentés sur la Figure 39.

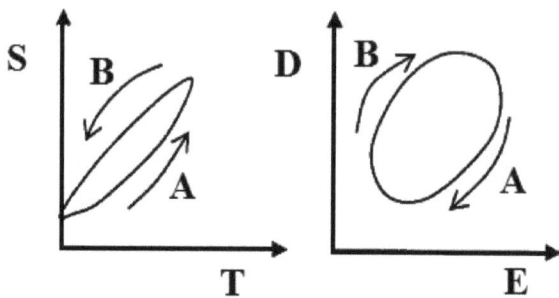

Figure 39 : Cycle à réaliser avec un matériau électrostrictif pour la récupération d'énergie [166]

L'énergie électrique récupérée est maximale pour une combinaison particulière de conditions aux limites lors de la réalisation de ce cycle (Figure 39). Ainsi, à partir des équations intrinsèques de l'électrostriction, le calcul des variations mécaniques et électriques sur les chemins A et B est possible, ce qui permet pour des conditions aux limites adéquates de calculer l'énergie électrique récupérée.

Comme pour la piézoélectricité (équation 13), les équations intrinsèques de l'électrostriction s'obtiennent par dérivation d'un potentiel énergétique préalablement choisi. Ainsi ,à température constante et sans phénomène d'hystérésis, les équations constitutives de l'électrostriction sont données par le système d'équation (14).

$$\begin{cases} S_1 = d_{31}E_3 + s_{11}^E T_1 \\ D_3 = \varepsilon_{33}^T E_3 + d_{31}T_1 \end{cases} \quad (13)$$

$$\begin{cases} S_1 = M_{31}E_3^2 + s_{11}^E T_1 \\ D_3 = \varepsilon_{33}^T E_3 + 2M_{31}E_3 T_1 \end{cases} \quad (14)$$

Dans le cas de la piézoélectricité l'application d'une contrainte induit directement la création de charge électrique par l'intermédiaire du coefficient d_{31}, ce qui n'est pas le cas pour l'électrostriction en l'absence d'un champ électrique statique. Par indentification le pseudo-coefficient piézoélectrique est égal à $d = 2.M.E$, d'où la nécessité de l'application d'un champ pour récupérer des charges électrique lors d'une déformation. Dans ce but, une des solutions pour rendre les dispositifs autonomes est d'utiliser des générateurs électrostrictifs en hybridant le polymère par des électrets : c'est à dire que la tension de polarisation est produite par un élément actif type électret.

C'est autour de cette problématique que les travaux de recherches se sont orientés, le prochain paragraphe aura pour but de modéliser les polymères électrostrictifs avec cette technologie d'hybridation en mode pseudo-piézoélectrique.

4.3 Modélisation de la puissance récupérée

L'électrostriction est une propriété de certains matériaux diélectriques due à la présence de domaines électriques répartis aléatoirement à l'intérieur du matériau. Lorsqu'un champ électrique est appliqué chaque domaine se polarise suivant l'axe du champ. Les côtés opposés des domaines se chargent de façon opposée et s'attirent mutuellement, provoquant une réduction de leur dimension dans la direction du champ électrique(et conjointement un allongement de leurs dimensions perpendiculaires au champ, dans les proportions du coefficient de Poisson). La déformation résultante S est proportionnelle au carré de la polarisation P[167] : on dit qu'il s'agit d'un effet du second ordre. Mathématiquement, l'électrostriction est représentée par un tenseur d'ordre 4 noté en général Q_{ijkl}. Il relie les composantes du tenseur des déformations (tenseur d'ordre 2) noté ici S_{ij} et deux composantes de la tenseur polarisation (tenseur d'ordre 1) noté en général P_k. L'équation de l'électrostriction s'écrit alors :

$S_{ij}=Q_{ijkl}.P_k.P_l$ (15)

Avec Q_{ijkl} charge électrique sur les électrodes

La polarisation électrique P est proportionnelle au champ électrique E.

$P=(\varepsilon-\varepsilon_0).E$ (16)

Avec ε_r permittivité du matériau en F/m

ε_0 permittivité du vide ($8.85.10^{-12}$ F/m)

Ainsi la déformée est une fonction quadratique du champ appliqué par les électrets.

$S_{ij}=M_{ij}E^2$ (17)

Avec Mij le coefficient d'électrostriction

Le comportement électrostrictif existe dans les diélectriques non symétriques (appelé 1ère forme) ce comportement se retrouve aussi au sein de polymères électrostrictifs à changement de phase (appelé 2nd forme). La seconde forme apparaît pour les dérivés du PVDF tel le co-polymère P(VDF-TrFE)ou le terpolymère P(VDF-TrFE-CTFE),polymères semi-cristallin dont les performances sont fonction des changements de phases(ferroélectrique-para-électrique).

Les champs électriques dans le cas où on a plusieurs couches d'électrets et polymères (Figure 40) peuvent être obtenus à partir de la loi de Gauss et à partir de la seconde loi de Kirchhoff pour des conditions de court-circuit [168] :

$$\begin{cases} E_1 = -\left[\varepsilon_0(\varepsilon_2 d_1 + \varepsilon_1 d_2)\right]^{-1} \sum_j d_{2j}\sigma_j \\ E_{2i} = \left(\sigma_j / \varepsilon_0 \varepsilon_2\right) - \left[\varepsilon_0(\varepsilon_2 d_1 + \varepsilon_1 d_2)\right]^{-1} \varepsilon_1 \sum_j d_{2j}\sigma_j \end{cases}$$ (18)

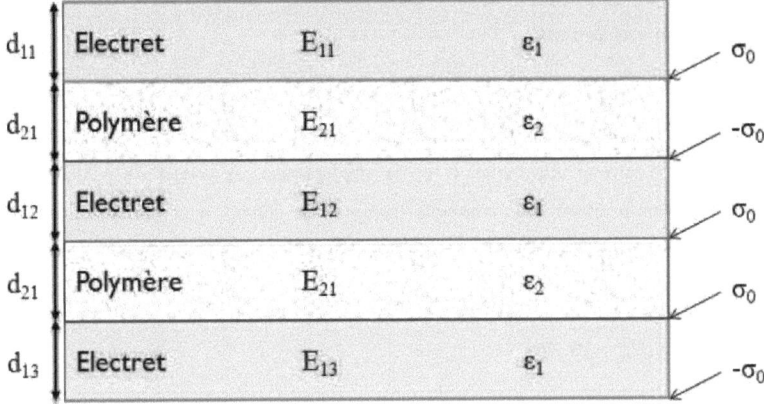

Figure 40 : Système hybride de multicouches

Dans notre cas on simplifie l'expression nous choisissons un seul électret et un seul polymère présenté en Figure 41 , donc l'expression se réduit à :

$$\begin{cases} E_E = -\dfrac{d_2 \sigma_0}{\varepsilon_0 (\varepsilon_2 . d_1 + \varepsilon_1 . d_2)} \\ E_p = \left(\dfrac{\sigma_0}{\varepsilon_0 \varepsilon_2} \right) - \dfrac{\varepsilon_1 . d_2 \sigma_0}{\varepsilon_0 (\varepsilon_2 . d_1 + \varepsilon_1 . d_2)} \end{cases} \quad (19)$$

Avec $E_{dc} = E_p$ champ électrique de polarisation continue produite par l'élément actif : l'électret

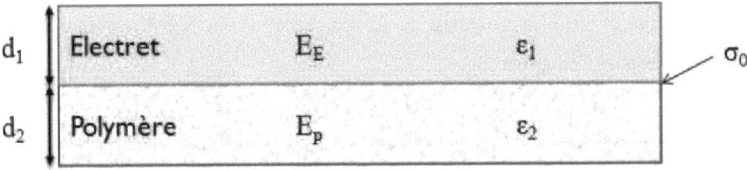

Figure 41 : Système hybride combinant polymère et électret

Dans notre cas, le polymère électrostrictif est soumis à un champ électrique de polarisation continue produit à partir de notre électret. Cela est nécessaire afin d'obtenir un comportement pseudo piézo-électrique du polymère qui n'est pas naturellement piézoélectrique.

Afin d'obtenir des lois de comportement pour ces matériaux, une approche macroscopique des phénomènes est nécessaire. Les grandeurs que nous aurons à traiter sont la contrainte T, la déformée S, le champ électrique E et le déplacement électrique D. Le potentiel thermodynamique à température constante (potentiel de Gibbs), nous permet de relier ces grandeurs (équation 20) De cette relation découlent les équations linéaires de l'électrostriction.

$$dG = -sd\theta - S_{ij}dT_{ij} - D_m dE_m \tag{20}$$

Le champ électrique et la déformation mécanique sont clairement exprimés dans l'équation 20, mais la forme du couplage électromécanique est encore inconnue. Le terme d'électrostriction pour l'effet direct est défini par :

$$M_{ijmn} = \frac{1}{2}\frac{\partial^2 S_{ij}}{\partial E_m \partial E_n} \tag{21}$$

De la même façon pour l'effet inverse il est donné par la relation :

$$M_{mnij} = \frac{1}{2}\frac{\partial^2 D_m}{\partial T_{ij} \partial E_n} \tag{22}$$

L'autre couplage électromécanique est défini de la même manière.

Nous réécrivons l'équation (20) en retenant une approche énergétique (énergie élastique, énergie électrique et terme de couplage du second ordre). Avec la convention des indices répètes nous obtenons l'équation 23 :

$$\begin{aligned}dG = &-\frac{1}{2}\varepsilon_{mn}^{T}E_{m}E_{n} - \frac{1}{3}\varepsilon_{mno}^{T}E_{m}E_{n}E_{o} - \frac{1}{4}\varepsilon_{mnop}^{T}E_{m}E_{n}E_{o}E_{p} - \ldots \\ &-\frac{1}{2}s_{ijkl}^{E}T_{ij}T_{kl} - \frac{1}{3}s_{ijklmn}^{E}T_{ij}T_{kl}T_{mn} - \ldots \\ &-u_{mijkl}E_{m}T_{ij}T_{kl} - r_{mnijkl}E_{m}E_{n}T_{ij}T_{kl} - n_{mnoijkl}E_{m}E_{n}E_{o}T_{ij}T_{kl} - \ldots \\ &-d_{mij}E_{m}T_{ij} - M_{mnij}E_{m}E_{n}T_{ij} - g_{mnoij}E_{m}E_{n}E_{o}T_{ij} - h_{mnopij}E_{m}E_{n}E_{o}E_{p}T_{ij} - \ldots\end{aligned} \tag{23}$$

Où E_m, E_n ... sont des composantes du champ électrique, T_{ij}, T_{kl} sont des tenseurs des contraintes de rang 2 (notation d'Einstein). Les indices i,j,m=1,2,3 se réfèrent aux axes orthogonaux (Figure 42)

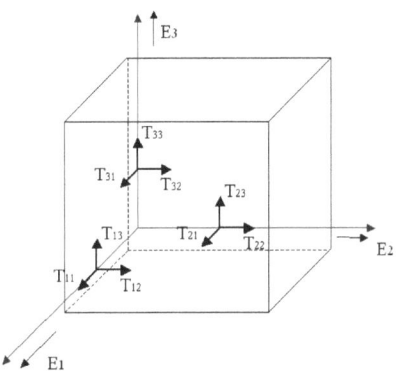

Figure 42 : Géométrie des orientations des axes de références

La première ligne de l'énergie de Gibbs représente les termes de l'énergie électrique et l'énergie mécanique est représentée dans la deuxième ligne. Les deux dernières lignes de l'équation indiquent le couplage des propriétés mécaniques et électriques. Le paramètre d_{ijm} est le tenseur des constantes piézoélectrique, ε_{ijkl}^T représente la permittivité diélectrique à contrainte constante, s_{ijkl}^E (respectivement M_{ijmn}) est le tenseur de souplesse à champ électrique constant (respectivement le tenseur d'électrostriction). Les autres coefficients peuvent être assimilés à la correction des paramètres s_{ijkl}^E, ε_{ijkl}^T, d_{ijm}, M_{ijmn} lorsque le matériau est soumis à des niveaux de sollicitations électriques et mécaniques élevées ; Il faut donc prendre en compte les symétries du système pour réduire leur nombre ; les propriétés de symétrie vont jouer sur le nombre de coefficients non nuls.

Parmi les 32 groupes ponctuels de symétrie, 11 sont centro-symétriques. Les déformations sont, pour les matériaux appartenant à ces groupes, uniquement d'origine électrostrictive. Ainsi pour un électrostrictif, les expressions précédentes peuvent être simplifiées, tous les tenseurs de rang impair étant nécessairement nuls. Aussi, pour un matériau purement électrostrictif, seuls les termes de puissance paire sont pris en compte.

Les équations constitutives découlent en différenciant la fonction de Gibbs par rapport aux variables champ électrique et contrainte:

$$\left(\frac{\partial G}{\partial E_m}\right)^T = -D_m \text{ et } \left(\frac{\partial G}{\partial T_{ij}}\right)^E = -S_{ij} \tag{24}$$

Il est alors possible d'exprimer les relations constitutives :

$$\begin{aligned}
D_m &= \varepsilon_{mn}E_n + \varepsilon_{mno}E_nE_o + \varepsilon_{mnop}E_nE_oE_p + ... \\
&+ u_{mijkl}T_{ij}T_{kl} + 2r_{mnijkl}E_nT_{ij}T_{kl} + 3n_{mnoijkl}E_nE_oT_{ij}T_{kl} + ... \\
&+ d_{mij}T_{ij} + 2M_{mnij}E_nT_{ij} + 3g_{mnoij}E_nE_oT_{ij} + 4h_{mnopij}E_nE_oE_oT_{ij} + ... \\
S_{ij} &= s_{ijkl}T_{kl} + s_{ijklmn}T_{kl}T_{mn} + ... \\
&+ 2u_{mijkl}E_mT_{kl} + 2r_{mnijkl}E_mE_nT_{kl} + 3n_{mnoijkl}E_mE_nE_oT_{kl} + ... \\
&+ d_{mij}E_m + M_{mnij}E_mE_n + g_{mnoij}E_mE_nE_o + h_{mnopij}E_mE_nE_oE_o + ...
\end{aligned} \tag{25}$$

Ainsi, à température constante et sans phénomène d'hystérésis, les équations constitutives de l'électrostriction sont données par les équations 26 :

$$\begin{aligned}
D_m &= \varepsilon_{mn}E_n + \varepsilon_{mnop}E_nE_oE_p + 2r_{mnijkl}E_nT_{ij}T_{kl} + ... \\
&+ 2M_{mnij}E_nT_{ij} + 4h_{mnopij}E_nE_oE_oT_{ij} + ... \\
S_{ij} &= s_{ijkl}T_{kl} + s_{ijklmn}T_{kl}T_{mn} + 2r_{mnijkl}E_mE_nT_{kl} + ... \\
&+ M_{mnij}E_mE_n + h_{mnopij}E_mE_nE_oE_o + ...
\end{aligned} \tag{26}$$

En négligeant les termes d'ordre élevé, les relations peuvent êtres simplifiées

$$\begin{cases} S_{ij} = s_{ijkl}^E T_{ij} + M_{mnij}E_nE_m \\ D_m = \varepsilon_{mn}E_n + 2M_{mnij}E_nE_{ij} \end{cases} \tag{27}$$

Un film polymère électrostrictive isotrope se contracte le long de la direction d'épaisseur et se décontracte le long de la direction du film quand un champ électrique est appliqué à travers l'épaisseur. Supposant que le seul effort de non nul est appliqué sur la longueur du film. La relation constitutive est alors simplifiée comme :

$$\begin{cases} S_1 = M_{31}E_3^2 + s_{11}^E T_1 \\ D_3 = \varepsilon_{33}^T E_3 + 2M_{31}E_3 T_1 \end{cases} \quad (14)$$

Il est possible d'exprimer la contrainte T_1 en fonction de la déformation S_1 :

$$T_1 = \frac{S_1 - M_{31}E_3^2}{s_{11}^E} \quad (28)$$

D'où l'expression du déplacement électrique D3 :

$$D_3 = \varepsilon_{33}^T E_3 + 2\frac{M_{31}}{s_{11}^E} E_3 S_1 - 2\frac{M_{31}^2 E_3^3}{s_{11}^E} \quad (29)$$

Le courant induit par la vibration de la configuration est donné par la relation suivante :

$$I = \int \frac{\partial D_3}{\partial t} dA \quad (30)$$

Le courant s'exprime alors sous la forme :

$$I = A\left[\frac{\partial E_3}{\partial t}\left(\varepsilon_{33}^T + \frac{2.M_{31}.S_1 - 6.M_{31}^2.E_3^2}{s_{11}^E}\right) + \frac{2.M_{31}.\frac{\partial S_1}{\partial t}.E_3}{s_{11}^E}\right] \quad (31)$$

Où A représente la surface active du polymère.

Le champ appliqué par l'électret est un champ électrique continu (Edc), c'est-à-dire que $\partial E3 / \partial t = 0$, l'expression du courant se simplifie comme :

$$I = 2M_{31}YE_{dc}A.\frac{\partial S_1}{\partial t} \quad (32)$$

Ici, M_{31} est le coefficient électrostrictif apparent utilisé pour décrire la fonction expérimentale de la réponse du courant du matériau par une déformation et champ électrique appliqué. En effet, lorsqu'un champ électrique est appliqué à toute matière, il détermine le déplacement de la charge qui conduit à des champs de déformations induits.

Le but de celui-ci consiste à modéliser la puissance récupérée aux bornes d'une charge purement résistive comme l'illustre la Figure 43

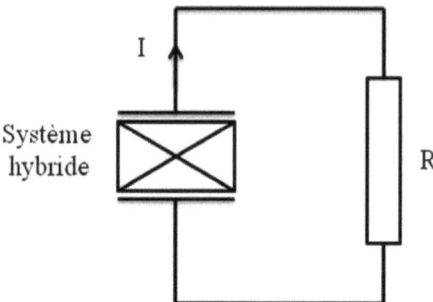

Figure 43 : Principe de la caractérisation de la puissance récupérée

La puissance dissipée dans la résistance R s'exprime sous l'équation:

$$P = R \cdot I^2 \tag{33}$$

Ou R la charge adaptée Dans ce cas, R est égale à ($1/(\omega \cdot C_p)$), ou Cp représente la capacité du polymère composite et ω la pulsation de l'excitation mécanique ($\omega = 2 \cdot \pi \cdot f$) et f la fréquence. Cette capacité pourrait être calculée en fonction des dimensions du film polymère (l: longueur, L: largeur, et e: épaisseur) et sa permittivité selon la formule suivante [169] :

$$C_p = \frac{\varepsilon_0 \cdot \varepsilon_r \cdot l \cdot L}{e} \tag{34}$$

Avec ω la pulsation ($\omega = 2.\pi \cdot f$) et f la fréquence.

La charge adaptée pour avoir une maximum de puissance est alors égale à :

$$R_{matched} = \frac{e}{\varepsilon_0 . \varepsilon_r . A . \omega} \tag{35}$$

Soit une expression de la puissance maximale :

$$P_{max} = 4 \frac{e M_{31}^2 Y^2 E_{dc}^2}{\varepsilon_0 . \varepsilon_r . \omega} A \left(\frac{\partial S_1}{\partial t} \right)^2 \tag{36}$$

Le champ électrique est alors égal à :

$$E_{dc} = \left(\frac{\sigma_0}{\varepsilon_0 \varepsilon_2} \right) - \frac{\varepsilon_1 . d_2 \sigma_0}{\varepsilon_0 (\varepsilon_2 . d_1 + \varepsilon_1 . d_2)} \tag{37}$$

L'expression précédente de la puissance peut s'exprimer comme :

$$P_{max} = 4 \frac{e M_{31}^2 Y^2 \sigma_0^2}{\varepsilon_0^3 . \varepsilon_r . \omega} A \left(\frac{\partial S_1}{\partial t} \right)^2 \left(\left(\frac{1}{\varepsilon_r} \right) - \frac{\varepsilon_1 . e}{(\varepsilon_r . d_1 + \varepsilon_1 . e)} \right)^2 \tag{38}$$

D'après l'équation 39 , nous pouvons démontrer facilement que la puissance maximale ne dépend pas seulement des propriétés intrinsèques des matériaux, mais aussi de l'état extérieur et des dimensions géométriques de notre polymère (surface, épaisseur, fréquence , permittivité …).

4.4 Principe de mesure

Le principe de mesure est réalisé à l'aide d'une table à un degré de liberté : Newport. La Figure 44 illustre le principe de fonctionnement. Pour notre expérience, les échantillons à tester ont été coupés sous forme de rectangles de 4x2 cm², des électrodes ont été pulvérisées sur les deux côtés du film dont l'épaisseur est de l'ordre de quelques nm puis collé avec un électret (Figure 44,a) , l'échantillon est bloqué entre deux mors, un dit mobile car relié à la table à un degré de liberté, l'autre fixe car relié au capteur de force. La table Newport est commandée à l'aide d'un générateur de fonction connecté au contrôleur. Les signaux délivrés par le capteur de force et le déplacement sont ensuite visualisés sur un oscilloscope. Il est possible d'obtenir une large gamme de déformations sur une bande de fréquence importante, typiquement inférieur à 10 Hz.

L'échantillon a été connecté à une charge électrique R, et le courant généré a été surveillé par un amplificateur de courant (SR570, Stanford Research Systems Inc, Sunnyvale, CA). La puissance récupérée sur la charge a été ensuite extraite à partir de la relation $P = R I^2$, où I est le courant mesuré par l'amplificateur de courant. La Figure 44 b illustre le schéma de principe de la mesure. L'ensemble des données sont visualisées sur un oscilloscope (Agilent $DS0\ 6054A$ Mega zoom).

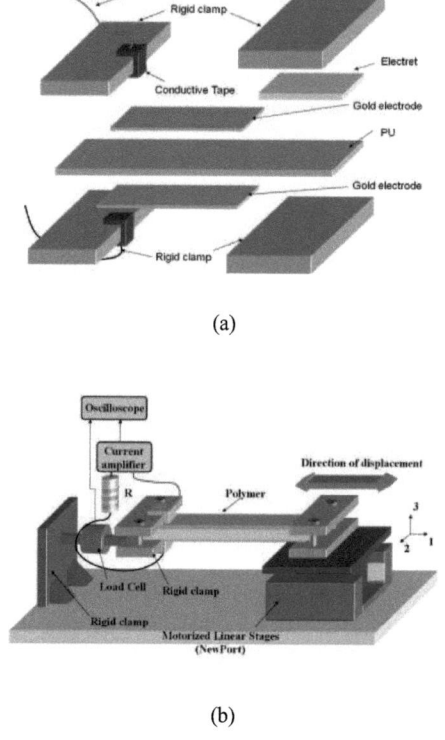

(a)

(b)

Figure 44: Illustration de la Newport : a) Configuration de l'échantillon ; b) Principe de fonctionnement

4.5 Validation de l'hybridation

Dans cette partie, nous exposerons les résultats expérimentaux obtenus en termes de courant de court-circuit et de puissance récupérée pour rendre le système autonome, afin de démontrer le potentiel applicatif de l'hybridation.

Afin d'améliorer les performances des polymères électrostrictifs pour la récupération d'énergie, plusieurs paramètres peuvent être modifiés. On peut citer par exemple, la géométrie du film polymère (surface, épaisseur,..), les conditions extérieures (champ électrique de l'électret, la déformation, la fréquence,..). Ce dernier paramètre est un facteur important dans la conversion électromécanique. Nous avons démontré dans l'équation (32) que le courant récupéré a une dépendance linéaire avec le champ électrique statique, la déformation et la fréquence mécanique.

La Figure 45 montre la variation de la déformation et le courant récupéré en fonction du temps pour un système hybride constitué d'un film polyuréthane. (Équation 32 : $I = 2M_{31}YE_{dc}A.\frac{\partial S_1}{\partial t}$). Comme on peut le voir dans l'analyse de ce courant récupéré, la courbe du courant dans cette configuration n'est pas en phase avec le déplacement.

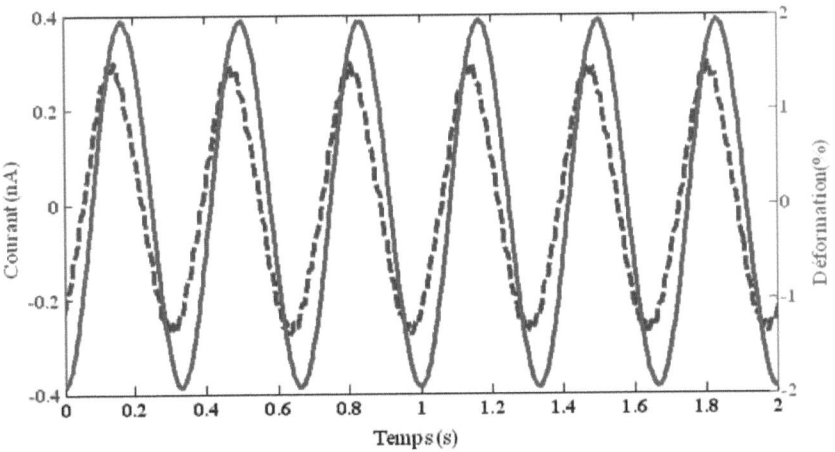

Figure 45 : Le courant et la déformation en fonction du temps

A partir des études théoriques traitées dans la partie précédente où on a démontré que le courant récupéré présente une relation linéaire (équation 32) par rapport au champ électrique statique E_{dc} produit par les électrets , à la déformation et à la fréquence dans les systèmes hybrides.

Dans cette partie expérimentale qui s'intéresse à valider la théorie dans les systèmes hybrides, les figures (Figure 46, Figure 47 et Figure 48) présentent des mesures du courant de court-circuit en fonction du champ électrique statique de l'électret, de la déformation et de la fréquence ont été respectivement effectuées. Ces mesures ont été réalisées sur un échantillon de PU pur.

Ces résultats montrent clairement que l'utilisation de l'hybridation de l'électret et des polymères représente une solution intéressante pour rendre les systèmes autonomes.

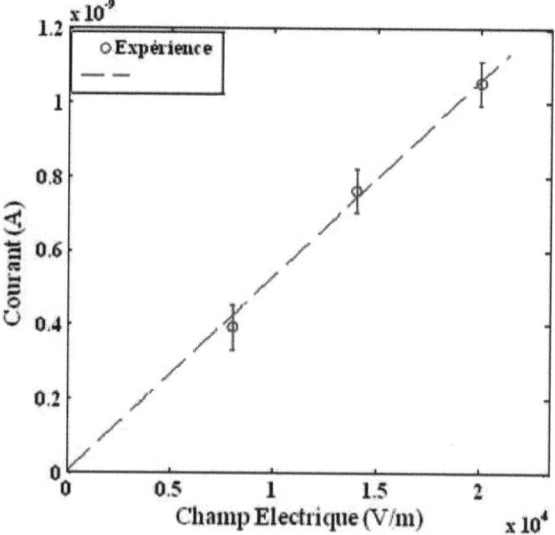

Figure 46 : Courant de court-circuit en fonction du champ de l'électret à une déformation constante S1=2.5% à f= 3 Hz

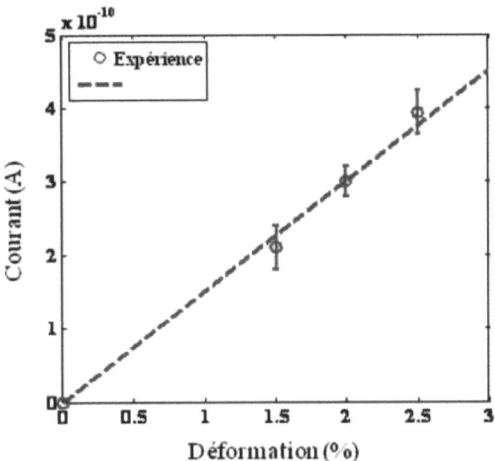

Figure 47 : I=f(S_1) Courant de court-circuit en fonction de la déformation pour un champ électrique de 8000 V/m à 3Hz

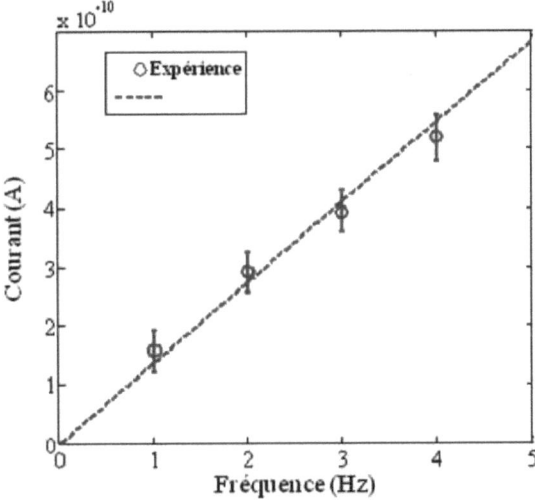

Figure 48 : I=f(f) Courant de court-circuit en fonction de la fréquence pour un champ électrique de 8000 V/m à S_1=2.5%

La Figure 49 montre la variation de la densité de puissance en fonction de la charge, tout en conservant les mêmes excitations électriques et mécaniques (E_{dc}=8000 V/m, S_1=2.5%, fréquence= 2Hz). Le transfert de puissance est maximal (6.05 nW cm^{-3} (m m^{-1})^2) pour R égal à 110 MΩ qui correspond à l'impédance de la capacité bloquée du polymère, mais aussi au cas typique de la piézoélectricité[169]. On peut ainsi noter une bonne cohérence entre les données expérimentales et le modèle développé, toujours dans le but de valider le modèle développé au paragraphe précédent

L'ensemble des mesures réalisées au cours de cette partie a permis de démontrer la validité du modèle pour mesurer la puissance récupérée par l'hybridation des polymères et des électrets en fonctionnement pseudo-piézoélectrique. Mais aussi d'un point de vue plus général la possibilité d'induire un champ dans un matériau diélectrique à l'aide d'un électret.

Pour la puissance récupéré est de l ordre de 6.05 nW cm^{-3} avec un champ électrique statique E_3=8KV/m et une déformation de S_1=2.5% à f=2Hz

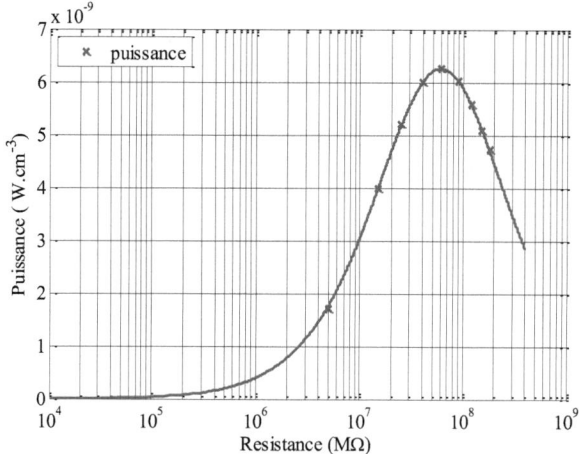

Figure 49 : $P_{harvested}$=f(R). Puissance récupérée en fonction de la résistance électrique pour un champ électrique statique E_3=8KV/m et une déformation de S_1=2.5% à f=2Hz.

Dans les paragraphes suivants, nous nous intéresserons tout d'abord à l'optimisation de la conversion de l'énergie mécanique en électrique, dans un premier temps à l'aide d'une modélisation par élément fini, couplé à une approche expérimentale.

4.6 Optimisation de la puissance récupérée

Dans la suite de cette section, notre attention sera essentiellement focalisée sur l'effet des différents paramètres de notre système afin d'identifier ceux rentrant en compte dans l'optimisation de l'énergie récupérée. Pour cela une nouvelle structure de µ-générateur, constitué d'un maillage discontinue d'électret sur le film de polymère diélectrique à été développé. Cette architecture permet d'assurer la distribution du champ actif sur toute la longueur du matériau. La vérification de l'intégration du champ dans le polymère est faite moyennant la méthode des éléments finis sous ANSYS. Dans un second temps une optimisation des dimensions géométriques a été entreprise.

4.6.1 Modélisation sous ANSYS

4.6.1.1 Mise en œuvre de l'architecture discontinue

La procédure de préparation de la structure hybride pour les deux architectures est schématiquement illustrée dans la Figure 50. La première étape consiste à métalliser le film polymère électrostrictif qui est sous la forme de rectangles pour les deux architectures. Puis dans la seconde étape, les deux films ont été collés par une colle afin d'obtenir un bon raccordement électrique. La dernière étape de préparation consiste à mettre la structure obtenue (PEA + Electret) sous pression à température ambiante pendant (1 heure).

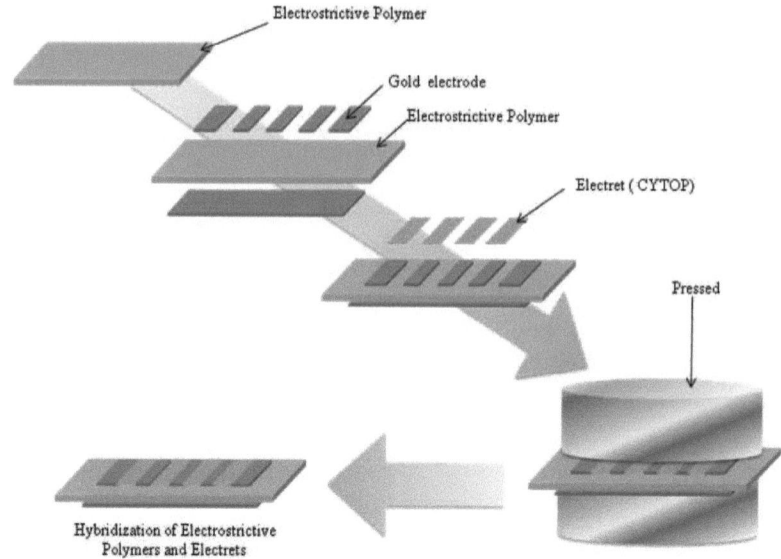

Figure 50 : Procédure de fabrication de la nouvelle architecture

4.6.1.2 Modélisation par éléments finis

Le logiciel ANSYS (version 8.0) offre deux modes d'utilisation possibles. La première solution consiste en l'écriture d'un programme constitué de commandes textuelles dans une fenêtre d'éditeur de texte. La seconde possibilité est l'utilisation directe des menus disponibles dans l'interface graphique. Bien que la seconde alternative soit plus conviviale et simple d'utilisation. Nous optons donc pour cette dernière solution.

Les différentes étapes de la programmation sous ANSYS, pour un problème purement électrostatique sont les suivantes :

• déclaration des différents matériaux (Polymère, électret, air) et attribution des valeurs de permittivité diélectrique ε, Module de Young Y, Résistivité ρ et Coefficient Poisson ν présentées dans le Tableau 11,

• choix des éléments de maillage,

- définition des paramètres dimensionnels du polymère et de l'électret et attribution des valeurs numériques,

- fabrication de la géométrie des deux structures,

- déclaration des surfaces (2D) et attribution à chaque matériau (ε, Y, v, ρ) et d'un élément de maillage (PLANE121),

- définition des conditions aux limites et attribution des potentiels,

- élaboration d'un maillage adapté,

- calcul des potentiels et de l'énergie électrostatique,

- affichage graphique (cartographie des potentiels et de ligne de champ) des résultats.

	PU pure	Electret
permittivité ε_r	6	1.1
Coefficient Poisson	0.5	0.5
Résistivité	10^{-9}	10^{-12}
Épaisseurs (µm)	50	50
Module de Young (MPa)	20	100

Tableau 11 : Caractéristiques des films

Les propriétés physiques principales et la géométrie de ces architectures sont résumées dans le Tableau 11.

On a choisi une modélisation bidimensionnelle pour ne pas avoir de temps de calcul prohibitif, parce qu'il n'existe pas d'élément électrostrictif de type coque sous ANSYS®. La structure est maillée à l'aide d'éléments quadratiques plans à huit nœuds configurés en électrostatique. Le matériau électrostrictif et l'électret sont maillés avec des éléments PLANE121 dont les degrés de liberté sont la permittivité, la résistivité, le coefficient de poisson et l'épaisseur pour les deux architectures comme représentés sur la Figure 51.

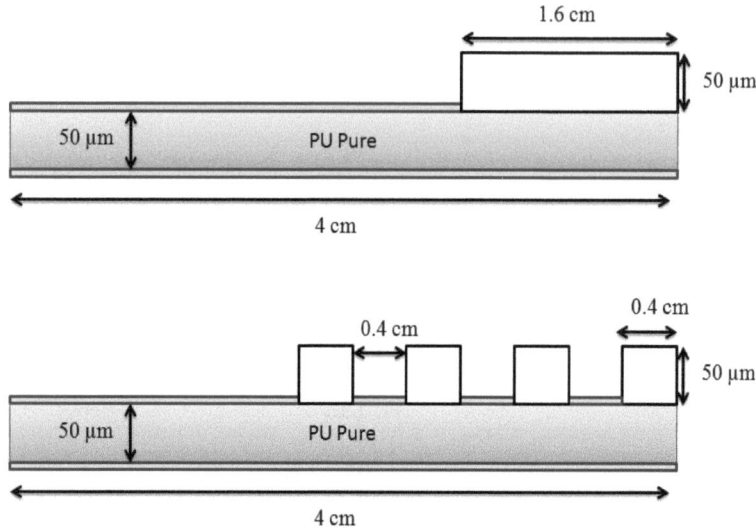

Figure 51 : Schéma des deux architectures

La Figure 52 montre le maillage pour les deux architectures. Pour obtenir le potentiel électrostatique des nœuds, nous devons effectuer une dérivation de l'intensité du champ électrostatique.

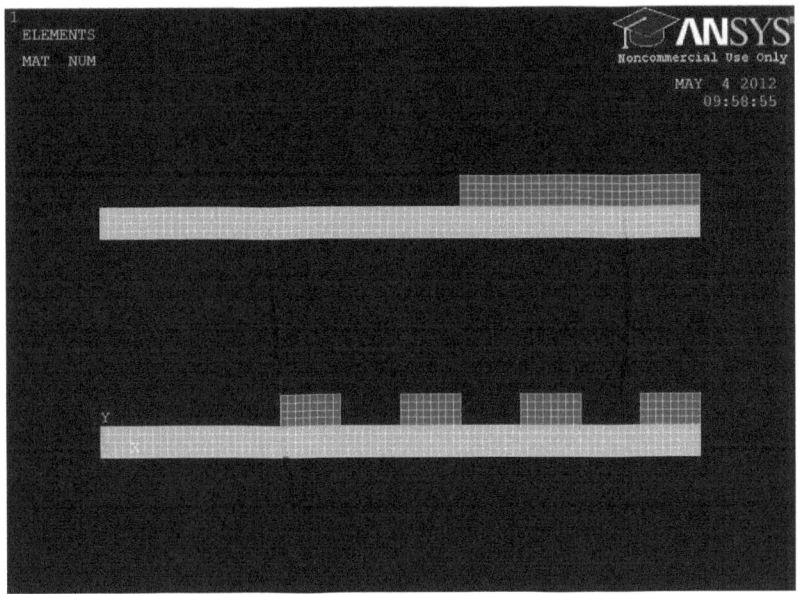

Figure 52 : Maillage de la structure

Une analyse par éléments finis en utilisant les paramètres donnés dans le tableau 11 a été réalisée pour les deux configurations évaluées (Figure 53 (a) et (b)). La condition aux limites pour la simulation de ces deux cas correspond à une densité de charge de surface donnée de l'électret et un potentiel nul pour le polymère électrostrictif, dans cet objectif nous avons choisi le PU.

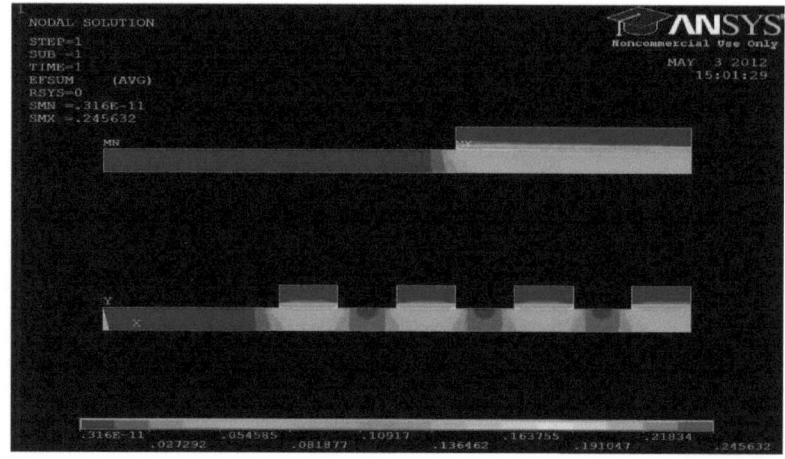

(a)

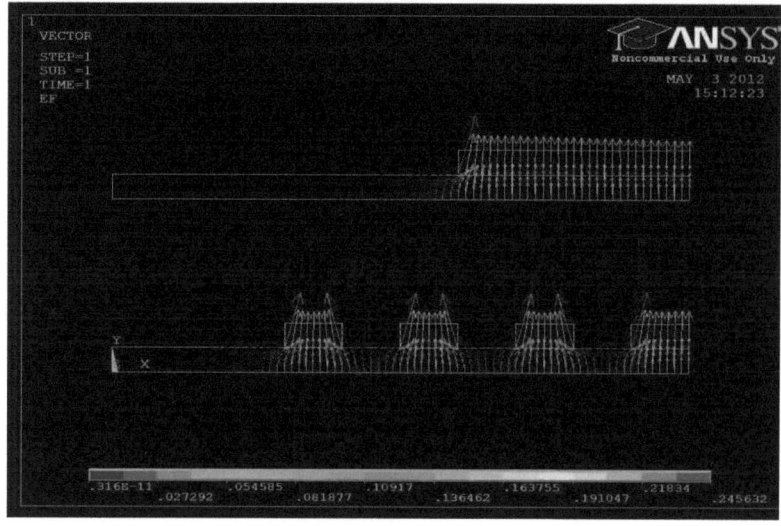

(b)

Figure 53 : Modélisation de la distribution du champ électrique (a) contour dans la structure ANSYS, (b) vecteur dans la structure ANSYS.

Les résultats de cette analyse avaient pour but d'étudier la distribution du champ électrique présentés dans la Figure 53. Comme les analyses par élément fini l'ont montré dans le cas de la structure continue seule une partie du matériau diélectrique est influencée par le champ électrique produit par l'électret, tandis que l'autre est resté passive. La structure sectorisée qui semble intéressante afin d'optimiser la conversion d'énergie en plaçant à intervalle géométrique régulié sur le polymère diélectrique les électrets. Dans le but d'une comparaison entre les deux structures la même surface d'électret à été utilisé dans les deux configurations, Cette analyse par éléments finis est suivi par une validation expérimentale entre les deux architectures.

4.6.2 Comparaison entre les deux structures hybrides

Dans ce paragraphe, nous présenterons les résultats expérimentaux obtenus en terme de courant de court circuit et de puissance récupérée ainsi qu'une comparaison entre les deux architectures Figure 54, afin de démontrer le potentiel de la nouvelle structure hybride pour l'amélioration de l'efficacité des polymères électrostrictifs dans le domaine de la récupération d'énergie vibratoire.

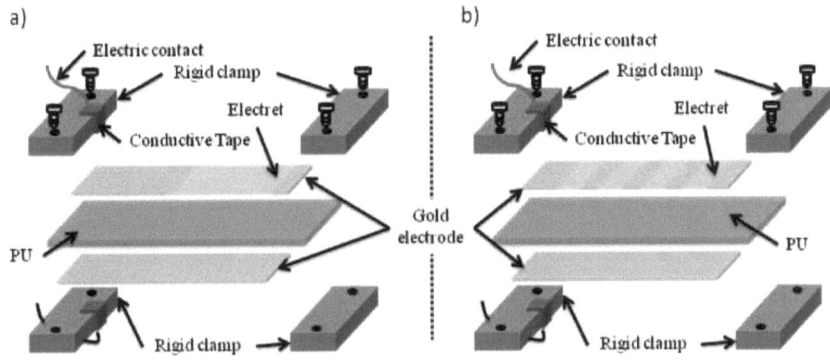

Figure 54 : Schéma des deux structures hybrides.

La Figure 55 (a et b) montre la variation temporelle de l'excitation mécanique et du courant généré pour un système hybride constitué d'un film polyuréthane pour les deux architectures avec un épaisseur de 50 µm et d'un film d'électret (emfit Ltd) ayant 50 µm comme épaisseur. Le champ électrique statique de notre électret est de

E_3=30kV/m, la déformation mécanique et la fréquence mécanique ont été fixés à S_1=1.9% et f=5Hz respectivement.

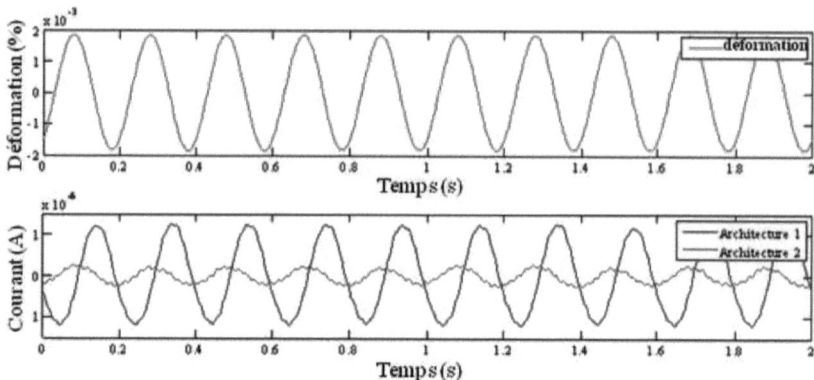

Figure 55 : (a) Déformation en fonction du temps; (b) Courant de court-circuit des deux architectures en fonction du temps.

Cette partie a été validé en ce basant sur la théorie détaillée dans la partie précédente qui montrait l'existence d'une dépendance linéaire entre le courant récupéré I et la fréquence de l'excitation mécanique (Equation $I_{PU} = 2M_{31}.Y.E_{dc}\omega \int_A S\, d.$). Afin de corroborer cette théorie pour les deux architectures, des mesures du courant de court-circuit en fonction de la fréquence ont été réalisées, les résultats sont présentés dans la Figure 56. Cela laisse confirmer que le courant qu'il sera possible de récupérer sera d'autant plus grand que la fréquence de l'excitation mécanique sera grande. De plus, une comparaison entre les deux structures a été effectuée afin de montrer l'efficacité de cette structure dans la récupération d'énergie. En effet, nous pouvons constater qu'en ce qui concerne la nouvelle structure le courant récupéré est augmenté d'un facteur sept par rapport à celui de la structure classique. Ces résultats montrent clairement que l'utilisation des électrets représente une solution viable pour améliorer la conversion mécano-électrique des polymères d'électrostriction.

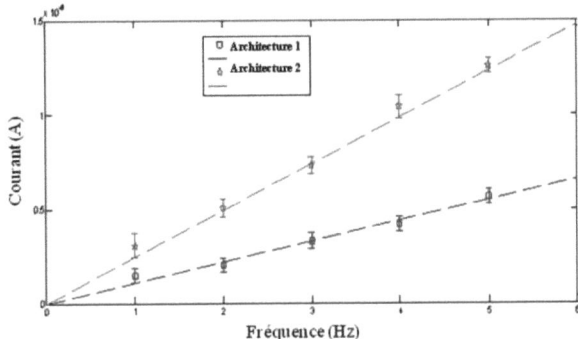

Figure 56 : I=f(f) Courant de court-circuit en fonction de la fréquence pour un champ électrique de 30KV/m à S_1=2.5% pour les deux architectures.

La courbe contrainte-déformation des deux architectures est présentée dans la Figure 57. Les résultats obtenus montrent clairement que la discrétisation de la même surface de départ a une faible influence. En effet les courbes sont presque identiques.

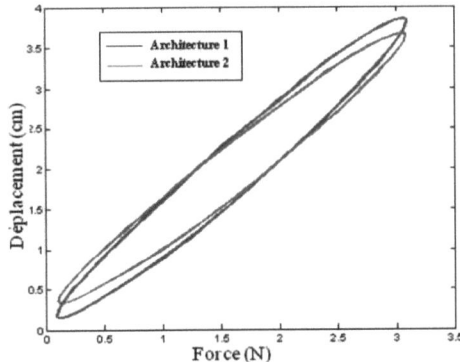

Figure 57 : Comparaison des cycles de la conversion électromécanique pour deux architectures à 5 Hz

Dans cette configuration le courant délivré par la deuxième architecture du polymère est bien multiplié par un facteur de 7. Cela laisse sous entendre que plus la surface active de polymère sera grande, plus l'énergie qu'il sera possible de récupérer sera importante. Les prochains essais se focaliseront sur l'étude de la puissance récupérée en fonction de la charge électrique ainsi que la puissance de polarisation dans le but de prévoir le rendement énergétique du film polymère.

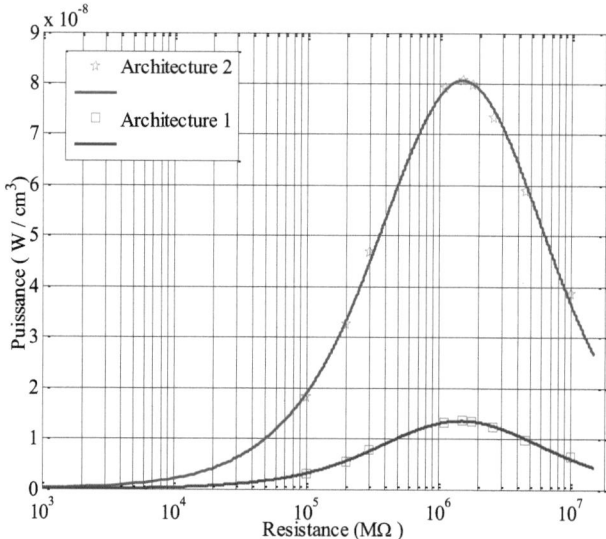

Figure 58 : Puissance récupérée en fonction de la résistance dans les deux architectures pour un champ électrique statique de 30 KV/m et une déformation constante 2.5%

La Figure 58 représente les résultats obtenus lors des mesures de la puissance récupérée en faisant varier la charge électrique, tout en conservant les mêmes excitations électrique et mécanique (E_{dc}=30 KV/m , S_1=2.5%).

Parmi les avantages de cette structure proposée, c'est qu'elle permet d'augmenter la densité de la puissance récupérée de 600% par rapport à la structure classique, sans utilisation d'un circuit électronique. il a été constaté que la densité de puissance de sortie sur la charge résistive pourrait atteindre $8.3841 0^{-8}$W.cm^{-3} qui est six fois plus élevé que les résultats dans la littérature [168,35,56,76].

Ces essais semblent bien contribuer au développement d'une technologie de récupération innovatrice qui met à profit les vibrations basse fréquence de l'environnement pour les convertir en électricité à fréquence plus élevée. Le but de la prochaine partie est de modéliser l'allure des densités de puissance et de les comparer aux données expérimentales pour différent épaisseur d'electret et polymère.

4.6.3 Effet de l'épaisseur

L'objectif dans un premier temps est de déterminer les paramètres du modèle, la plupart sont fixés par des mesures expérimentales réalisées au cours des différents études telle que la permittivité relative, la densité surfacique et la déformation...etc.

Dans le Tableau 12 on présente les paramètres utiliser pour modéliser le champ électrique à l'intérieure du polymère électrostrictif de l'équation :

$E_{dc} = \left(\dfrac{\sigma_0}{\varepsilon_0 \varepsilon_2} \right) - \dfrac{\varepsilon_1 . d_2 \sigma_0}{\varepsilon_0 (\varepsilon_2 . d_1 + \varepsilon_1 . d_2)}$ présenté en Figure 59

Parameter	ε_r	ε_1	M_{33} (m^2/V^2)	σ_0 $(\mu C/m^2)$	$\left(\dfrac{\partial S_1}{\partial t} \right)$	$A(m^2)$	f (Hz)
	8,5	1,1	$2,66.10^{-18}$	- 0,3	2,5%	8	4

Tableau 12   Paramètre utiliser pour la modélisation

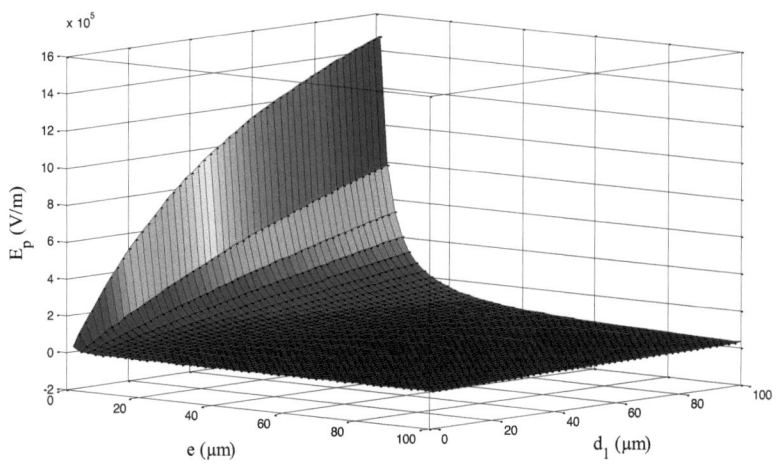

Figure 59 Le champ électrique en fonction de l'épaisseur de l'électret (d1) et du polymère (e) à une densité de charge constante $\sigma_0 = -0.3$ $\mu C/m^2$

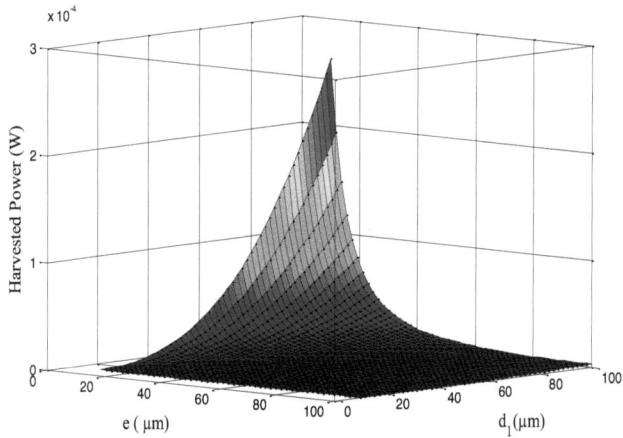

Figure 60 Puissance récupérée en fonction de l'épaisseur de l'électret (d_1) et du polymère (e) à une densité de charge constante $\sigma_0 = -0.3$ $\mu C/m^2$

Ces simulations numériques sont complétées par des expériences afin de valider les résultats présenté dans La Figure 60 qui montre la puissance théorique pour différentes épaisseurs (électret et polymère) pour une déformation, charges et un champ électrique constants (voir Tableau 12).

4.6.3.1 Validation expérimentale et discussions

Les mesures effectuées au paragraphe précédent (cf.4.5) ont permis de valider la modélisation du courant de court circuit dynamique. L'objectif de cette partie, consiste à comparer les différentes réponses des polymères en changeant son épaisseur et aussi l'épaisseur de l'électret , afin de juger de leur qualité pour la conversion mécano-électrique.

Pour cela le courant délivré par les matériaux, pour différents excitations sont tracés en figures : Figure 61, Figure 62, Figure 63 et Figure 64.

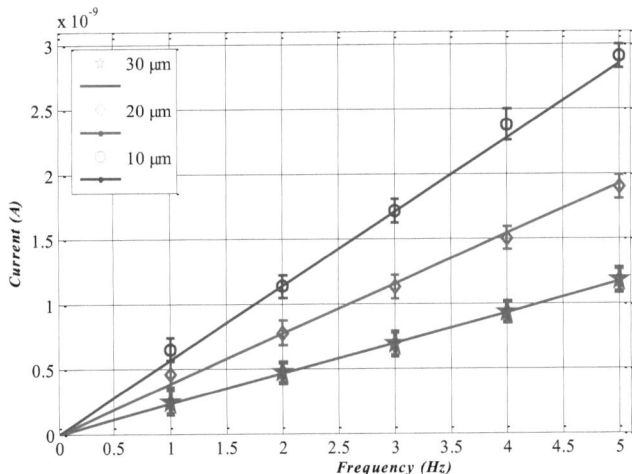

Figure 61 : I=f(f) Courant de court-circuit en fonction de la fréquence pour des épaisseurs d'électrets de 10, 20 et 30 µm à un champ électrique de 30KV/m à S_1=2.5% et l'épaisseur du polymère e=50µm.

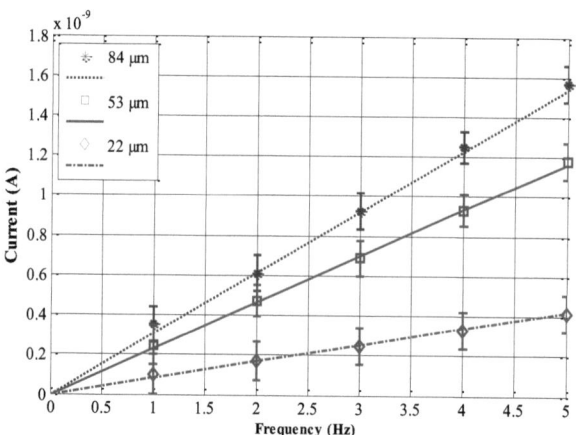

Figure 62   I=f(*f*) Courant de court-circuit en fonction de la fréquence pour des épaisseurs de PU de 84, 53,41 et 22 µm à un champ électrique de 30KV/m à S_1=2.5% et l'épaisseur du polymère d_1= 20µm.

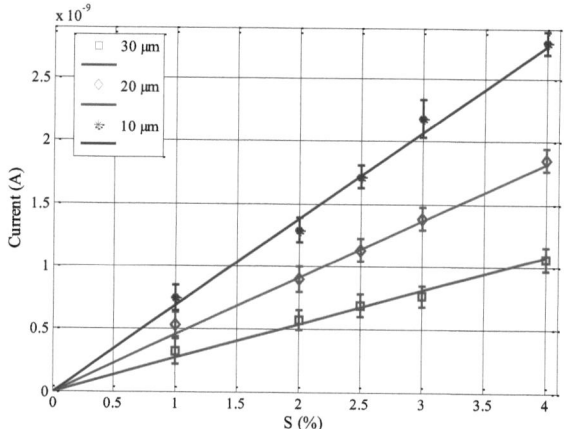

Figure 63   I=f(S_1) Courant de court-circuit en fonction de la déformation (S_1) pour des épaisseurs d'électrets de 10, 20 et 30 µm pour un champ électrique de 30 KV/m à 3Hz et *e*=50µm

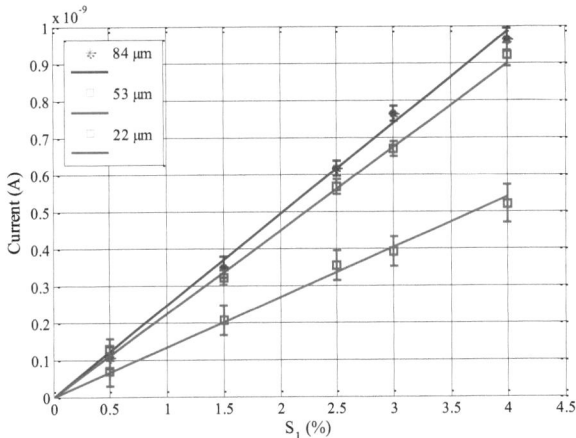

Figure 64 : I=f(S_1) Courant de court-circuit en fonction de la déformation (S_1) pour des épaisseurs de PU de 84, 53, 41 et 22 µm pour un champ électrique de 30 KV/m à 3Hz et d_1= 20µm

Pour l'ensemble des matériaux, une dépendance linéaire du courant en fonction des excitations mécaniques comme laissait le sous entendre le modèle développé.

Les meilleurs résultats sont obtenus pour un échantillon PU d'épaisseur de 84µm et on peut expliquer le faite qu'il y a une augmentation de la permittivité comme la montre la Figure 65 et pour un épaisseur d'électret de 20 µm.

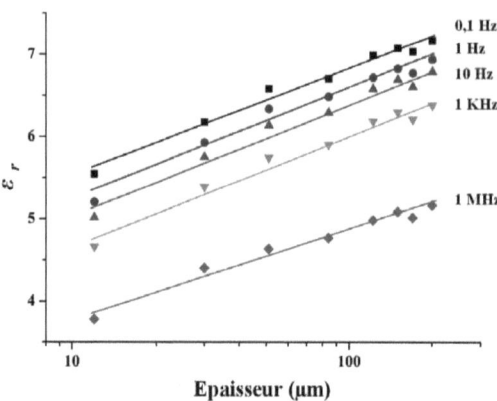

Figure 65 : La constante diélectrique ε_r en fonction de l'épaisseur des films de PU88A de 10–200 µm pour différentes fréquences [92].

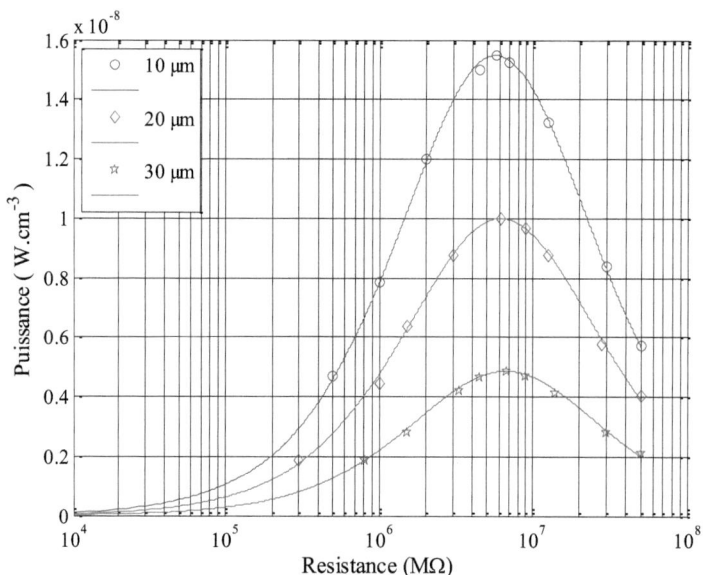

Figure 66 : P=f(R). Puissance récupérée en fonction de la résistance électrique pour des épaisseurs d'électrets de 10, 20 et 30 µm pour un champ électrique statique E=30 KV/m et une déformation de S_1=2.5% à f=4Hz

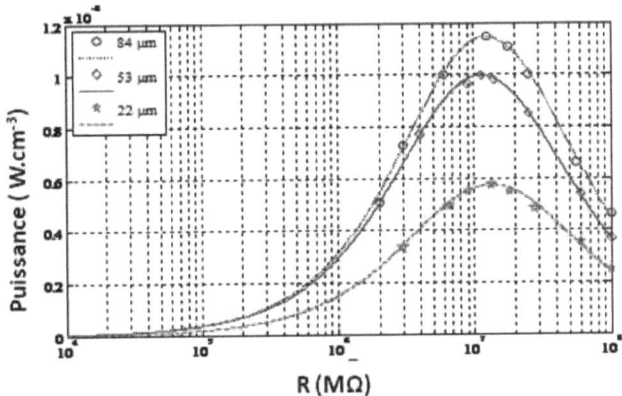

Figure 67 : P=f(R). Puissance récupérée en fonction de la résistance électrique des épaisseurs de PU de 84, 53,41 et 22 μm pour un champ électrique statique E=30 KV/m et une déformation de S_1=2.5% à f=4Hz

Les Figure 66 Figure 67 donnent la valeur de la densité de puissance récupérée en fonction de la résistance électrique pour un champ électrique statique E = 30 KV/m et une déformation de S_1 = 2.5 % à f = 4 Hz pour un échantillon de PU en changeant l'épaisseur du polymère et de l'électret. En effet pour avoir une meilleure densité il faut avoir une épaisseur minimum d'électret et un maximum de polymère

Un bon accord entre la théorie et la pratique est noté pour les deux cas. La puissance récupérée augmente proportionnellement à la diminution de l'épaisseur de l'électret et à l'augmentation de l'épaisseur de notre polymère.

Pour chaque caractérisation présentée par la suite, un minimum de quatre échantillons ont été réalisés et testés dans les mêmes conditions. Afin de ne pas alourdir le manuscrit une seule série de mesures est présentée.

4.6.4 Influences des matrices et des types de charges utilisés

L'objectif de cette partie, consiste à comparer les différentes réponses des polymères, afin de juger de leur qualité pour la conversion mécano-électrique. Les mesures effectuées au début de ce chapitre ont permis de valider la modélisation du courant de court circuit dynamique et la puissance récupéré.

Selon une étude effectue au LGEF Les taux de particules des polymères n'ont pas été choisis de manière arbitraire, ils correspondent au cas où la dispersion de charge est optimale.

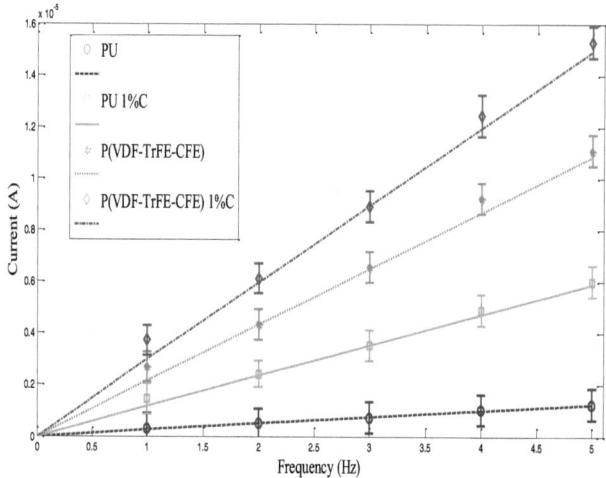

Figure 68 : I=f(f) Courant de court-circuit en fonction de la fréquence pour un champ électrique de 30 KV/m à S_1 = 2.5% pour les différents composites.

Pour l'ensemble des matériaux, une dépendance linéaire du courant avec le champ électrique est notées (Figure 68).

Les meilleurs résultats sont obtenus pour un échantillon de P(VDF-TrFE-CFE) 1 % C avec un courant de 15 µA pour un champ électrique de 30 KV/m et une déformation de 2.5 %. A titre de comparaison pour le PU avec 1%C délivre seulement un courant de 6 µA, soit un facteur ~10 entre ces deux types de matériaux pour un même type de sollicitation.

De ces mesures (voir Tableau 13), il apparaît que la permittivité des matériaux constitue un des paramètres importants pour améliorer la récupération d'énergie de ces polymères. De plus, il ressort clairement qu'il est avantageux de charger nos polymères avec des particules conductrices permettant une augmentation significative de leur permittivité.

	permittivité ε_r (4Hz)	Module de Young (MPa)	Épaisseur (µm)
PU pur	6	30	50
PU 1%C	8.4	32	55
P(VDF–TrFE–CFE)	42	243	60
P(VDF–TrFE–CFE) 1%C	85	262	50

Tableau 13 : Propriété des polymères utilisés

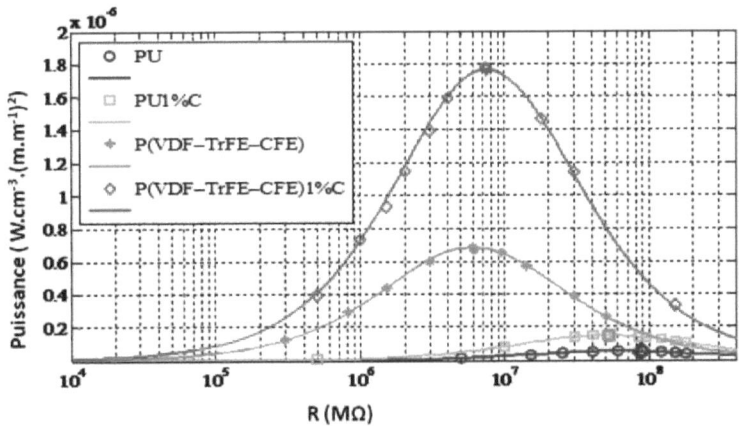

Figure 69 : P=f(R). Puissance récupérée en fonction de la résistance électrique pour un champ électrique statique E=30 KV/m et une déformation de S_1=0.5% à f=4Hz.

Afin de valider complètement le modèle développé, une évaluation de la puissance récupérée pour différents échantillons en fonction de la charge électrique pour un champ électrique statique de E=30 KV/m, une déformation de S_1=0.5% et une fréquence de f=4Hz est réalisée et présentée en Figure 69). Cette différence de puissances électriques était due aux caractéristiques intrinsèques des différents matériaux (voir Tableau 14).

Echantillons	permittivité ε_r (4Hz)	R_{opt} (MΩ)	P_{max} (expérimental) µW.cm^{-3}	P_{max}(model) µW.cm^{-3}
PU	6	60.2	5.22×10^{-2}	5×10^{-2}
PU 1%C	8.4	50.7	1.498×10^{-1}	1.5×10^{-1}
P(VDF–TrFE–CFE)	42	6	6.87×10^{-1}	6.5×10^{-1}
P(VDF–TrFE–CFE) 1%C	85	7.5	1.76	1.5

Tableau 14 : Comparaison des puissances pour différentes composites

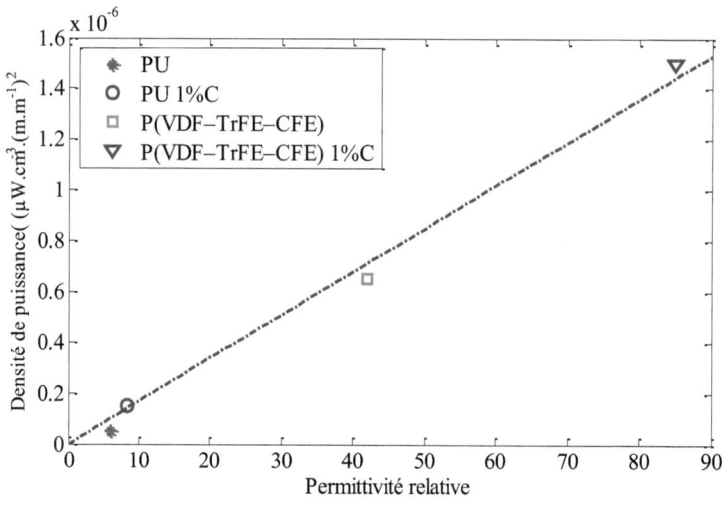

Figure 70 : Densité de puissance en fonction de la permittivité relative

De la où la densité de puissance est tracée en fonction de la Permittivité, il ressort bien que la permittivité joue un rôle clé pour l'augmentation des propriétés pour la récupération d'énergie. Mais elle n'est pas le seul paramètre à prendre en compte dans la problématique de réalisation de générateur souple et autonome. En effet, partant du faite que de grandes permittivités sont nécessaires, une méthode éventuelle consisterait à charger les films à l'aide de particules avec de grandes permittivités (chapitre précédent). Mais pour avoir une augmentation significative, des pourcentages importants de charge sont nécessaires, provoquant une rigidification de la structure et une facilité à se casser. Or le grand avantage de la technologie polymère, comparée à celle à base de céramique ou monocristaux, est qu'il est possible de leur faire subir de grandes déformations. Par exemple une matrice de PU peut s'étirer de plus de 400%, alors que les matrices de P(VDF-TrFE-CFE) sont limitées à des déformations de l'ordre de 30%, avant de passer dans la zone plastique. Le choix de la matrice de départ dépend beaucoup de l'application envisagée. Si des grandes amplitudes de déplacement sont disponibles, les matrices avec un faible module de Young tel que le PU sont à préférer pour leur grande souplesse, malgré leur faible permittivité. De plus, comme l'étude l'a fait ressortir, l'ajout de particule conductrice semble être la méthode la plus prometteuse avec une augmentation d'un facteur deux de la permittivité pour un faible pourcentage de noir de carbone, sans pour autant perdre le caractère souple du polymère. Si les amplitudes de déplacement sont modérées le P(VDF-TrFE-CFE) offre de meilleurs résultats.

4.6.4.1 Comparaison de micro- et nano-cuivre

➢ *Caractérisation de la µ-structure des composites PU et rempli de Cu chargement*

A l'aide du MEB (µ-scope électronique à balayage), nous vérifions l'état de dispersion du cuivre dans la matrice P(VDF–TrFE–CFE) en observant la surface des échantillons cryofracturés à basse tension. Comme le P(VDF–TrFE–CFE) est très polaire et le matériau non conducteur et sensible au faisceau électronique, il est nécessaire d'utiliser de très faibles tensions et des conditions d'imagerie minimisant les effets de charges et d'irradiation.

Afin de vérifier l'état de dispersion de charge Cu dans la matrice du polymère, un balayage des images de microscopie électronique de la surface de fracture du P (VDF-TrFE-CFE) rempli avec des µ-particules de cuivre(MP (VDF-TrFE-CFE))et du P (VDF-TrFE-CFE) rempli avec des nanoparticules de cuivre (NP (VDF-TrFE-CFE)) , sont présentés dans les figures (Figure 71 et Figure 72), respectivement.

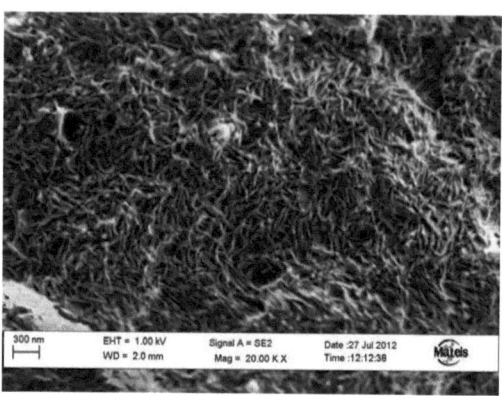

Figure 71 : Images MEB en basse tension de cryofractures du composite P(VDF–TrFE–CFE) avec 3%v µ-particules Cu ; Bonne dispersion des particules dans toute la matrice.

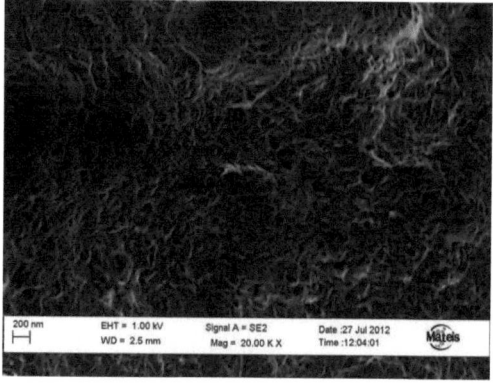

Figure 72 : Images MEB en basse tension de cryofractures du composite P(VDF–TrFE–CFE) avec 3%v nanoparticules Cu ; Bonne dispersion des particules dans toute la matrice.

La Figure 71 montre que les charges de cuivre microniques comprenant une petite quantité de particules agglomérées leurs dispersées de manière homogène dans la matrice. Un aspect similaire a été montré dans la Figure 72 pour le cas des charges de cuivre nanométrique, mais il y avait aussi de petits groupes présents dans ce cas. La bonne dispersion pourrait expliquer en partie la nette augmentation de la permittivité comme nous le verrons dans la section suivante.

> *Analyse de l'influence du Cuivre*

Des études antérieures dans notre laboratoire ont notamment montrées que les propriétés d'actionnement peuvent être considérablement améliorées par l'incorporation de noir de carbone nano poudres dans la matrice des polymères électrostrictifs de type polyuréthane (PU) ou terpolymère (P(VDF-TrFE-CFE)). Il est possible que cette addition puisse également renforcer la capacité de récupération d'énergie des matériaux composites. Par conséquent, les propriétés diélectriques qui sont considérées comme un paramètre crucial pour la récupération d'énergie, seront présentés par la suite. Il faut noter que la gamme d'épaisseur des échantillons testés varie entre 50 µm et 75 µm.

La Figure 73 présente la variation de la permittivité diélectrique pour les types polymères (P(VDF–TrFE–CFE), MP(VDF–TrFE–CFE) 3%Cu et NP(VDF–TrFE–CFE) 3%Cu). La constante diélectrique des films polymères a été calculé à partir de la capacité et mesurée à l'aide d'un LCR-mètre (HP 4284A). La capacité de ces films a été mesurée sur la gamme de fréquences de 20 Hz à 120 Hz et la permittivité diélectrique est restée quasi constante dans la gamme de fréquences considérée pour les 3 types de polymères soit un facteur de 8,16% entre NP(VDF–TrFE–CFE) 3%Cu et MP(VDF–TrFE–CFE) 3%Cu , Cela correspond au plateau de la polarisation d'orientation. On peut expliquer ça par l'orientation des molécules qui possèdent un moment dipolaire permanent. La structure de ces molécules est asymétrique : le centre de gravité résultant de toutes les charges négatives d'une telle molécule ne coïncide pas avec celui de toutes ses charges positives, la molécule est un dipôle électrique.

Le seuil de percolation dépend de la taille et de la dispersion des particules dans la matrice. Ce seuil diminue quand la taille de particules diminue. C'est pourquoi la permittivité du composé de NP(VDF–TrFE–CFE) est toujours plus haute que la constante diélectrique des composés de MP(VDF–TrFE–CFE).

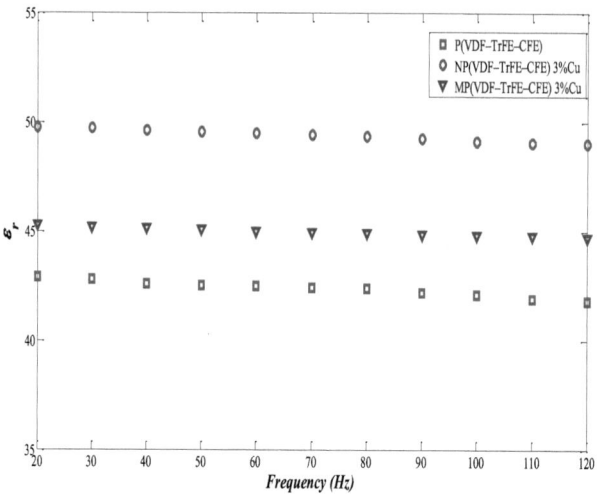

Figure 73 : Permittivité diélectrique en fonction de la fréquence pour le Terpolymère chargé avec du Cu

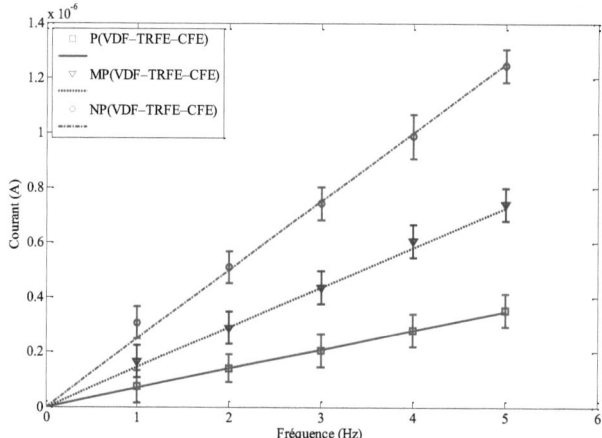

Figure 74 I=f(*f*) Courant de court-circuit en fonction de la fréquence pour un champ électrique de 30KV/m à S_1=2.5%

Pour ce types des matériaux, une dépendance linéaire du courant avec la fréquence est notées (Figure 74).

Les meilleurs résultats sont obtenus pour un échantillon de NP(VDF-TrFE-CFE)3%Cu avec un courant de 1.21 µA pour un champ électrique de 30KV/m et une déformation de 2.5%. A titre de comparaison pour le P(VDF-TrFE-CFE) délivre seulement un courant de 0.35 µA, soit un facteur ~4 entre ces deux types de matériaux pour un même type de sollicitation.

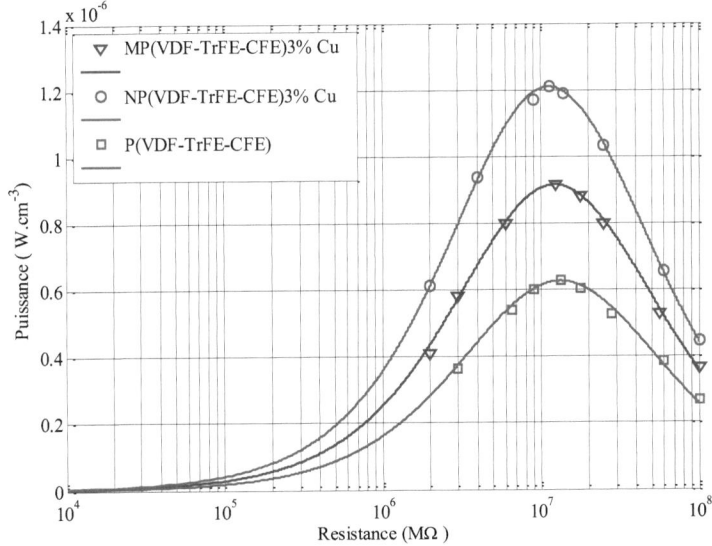

Figure 75 : P=f(R). Puissance récupérée en fonction de la résistance électrique pour un champ électrique statique E=30 KV/m et une déformation de S_1=2.5% à f=2Hz.

La puissance récupérée pour différents échantillons en fonction de la charge électrique pour un champ électrique statique de E=30 KV/m, une déformation de S_1=2.5% et une fréquence de f=2Hz est réalisée et présentée en Figure 75 avec une puissance de 1.6 µW.cm^{-3} (m.m^{-1})²) pour NP(VDF-TrFE-CFE)3%Cu avec une charge de 6.5 MΩ

Echantillons	Epaisseur (µm)	permittivité ε (4Hz)	Y (MPa)	R_{opt} (MΩ)	P_{max} ($\mu W.cm^{-3}.(m.m^{-1})^2$)
P(VDF–TrFE–CFE)	~50	42	250	6.687	0.626
MP(VDF–TrFE–CFE) 3%Cu	~55	45	261.2	6.241	0.915
NP(VDF–TrFE–CFE) 3%Cu	~53	49	273.4	5.732	1.21

Tableau 15 : Comparaison des puissances pour différentes composites

4.7 Conclusion :

Au cours de ce chapitre, l'hybridation des polymères et composites électrostrictifs pour la récupération d'énergie mécanique a été réalisé pour rendre ce système autonome. La première étape a validé l'hybridation consisté en la à partir de leur équation. Il a été démontré par la théorie et la pratique que l'énergie récupérée en mode pseudo-piézoélectrique était équivalente à celle obtenue en réalisant des cycles énergétiques phénoménologique modélisation de ceux-ci

Au final l'ensemble de ces résultats démontre le potentiel des polymères hybrides pour la récupération d'énergie qui on été prouvé par la modélisation et la réalisation expérimentale des prototypes pour la récupération d'énergie du mouvement vibratoire utilisant les polymères électrostrictifs. Le modèle proposé a pu être confronté aux mesures expérimentales.

Conclusion générale

Le présent travail est une contribution au domaine scientifique et technologique de la récupération de l'énergie. Le fait de rendre les objets autonomes du point de vue énergétique représente un des grands défis pour les acteurs de l'industrie et de la science. L'autonomie énergétique implique un moindre coût à l'utilisation et aussi une maintenance réduite pour des nombreux appareils. Elle peut amener un confort d'utilisation accru et une empreinte écologique réduite.

On parle de récupération de l'énergie quand l'énergie convertie est gratuite. Aussi la récupération de l'énergie implique une échelle réduite et des puissances générées suffisantes pour des objets à basse consommation. Comme ceci a été décrit dans le Chapitre 1, parmi les objets les plus prometteurs à l'heure actuelle on compte les capteurs sans fil. Ce sont des capteurs capables de faire des mesures et de transmettre l'information à distance par liaison radio. Leurs besoins en puissance électrique sont très faibles, 10 µW étant suffisants pour réaliser des fonctions utiles. Plusieurs sources d'énergie peuvent être utilisées pour les alimenter, dont notamment l'énergie vibratoire. L'exemple le plus parlant des enjeux et problématiques futurs est celui de la récupération à partir du corps humain (pour l'alimentation de biocapteurs, pacemakers…)

Le sujet s'inscrit dans le thème de la récupération d'énergie électrique à partir de vibrations ou de déformations mécaniques. La puissance récupérée est assez faible mais permet d'autoalimenter des actionneurs de faible puissance ou, plus couramment des capteurs. Classiquement on utilise les matériaux piézoélectriques pour créer la conversion mécanique / électrique mais ces derniers sont : chers, cassants, difficiles à usiner et contiennent du plomb ! Pour pallier ces inconvénients nous avons utilisé des polymères électrostrictifs. Ces derniers compensent une majorité des inconvénients liés aux matériaux piézoélectriques mais ne sont pas naturellement actifs. C'est dire qu'il faut appliquer un champ électrique pour créer le couplage électromécanique.

Malheureusement les polymères présentent une conductivité électrique qui est trop importante ce qui limite l'intérêt de ces derniers et ce qui nous a amené à utiliser des électrets qui gardent la charge induite sur des périodes très longues (plusieurs années). On peut donc les utiliser comme des sources de tension. Les travaux réalisés sur ce thème on fait l'objet des publications dans des journaux reconnus.

Les travaux présentés dans ce manuscrit se sont intéressés au processus de fabrication des matériaux et au type de charge à utiliser pour augmenter les propriétés en récupération d'énergie. Les particules conductrices sont ressorties comme des candidates à fort potentiel comparées à celles à grande permittivité, grâce à une modification significative de leur caractéristique pour des faibles concentrations.

Une analyse des propriétés mécanique et électrique a été réalisée pour les différents composites. L'influence du noir de carbone et de cuivre sur les paramètres diélectrique a été notable vu sur la permittivité relative, laissant donc présager une augmentation significative des performances électromécaniques.

Ces propriétés ont été analysées dans les deux derniers chapitres. Une analyse électrique a été menée sur les différents composites. Dans ce cadre, il a été montré que la permittivité dépend étroitement de la fréquence de fonctionnement et de l'épaisseur. Ainsi le résultat obtenu sur ces deux paramètres promet ces polymères comme candidat potentiel aux récupérateurs d'énergie.

Une partie consacré à la modélisation et à la simulation des μ-générateurs basés sur l'hybridation de polymères électroactifs a été établi pour montrés la distribution du champ électrostatique produit par notre élément actif type « electret » en jouant sur l'état extérieur et les dimensions géométriques de notre polymère et l'electret, couplé à une approche expérimentale. Les résultats obtenus étaient satisfaisant:

En conclusion, dans l'avenir quelles que soient les tendances en termes de matériaux intelligents, les polymères électro-actifs apporteront une rupture technologique en termes d'intégration, de consommation, de coût et de densité d'énergie qui en feront des candidats de choix pour des applications futures.

➢ *Avancées par rapport à l'état de l'art*

Ce travail de thèse a permis de faire progresser la recherche sur les systèmes de récupération d'énergie à électrets et se démarque de l'état de l'art par ces résultats :

- Un modèle précis de la récupération d'énergie par la méthode de l'hybridation, validé expérimentalement.
- Une méthode permettant de fabriquer des électrets.

➢ *Perspectives*

- Autres tests sur les électrets texturés devront être effectués afin d'étudier la stabilité des charges dans le temps (1 à 2 ans)
- Réalise des µ-générateurs et des capteurs qui répondent à des besoins spécifiques de l'industrie militaire, aéronautique, médicale, pétrolière en respectant:
    - Le gain de poids, de volume et d'interconnexions
    - La résistance à l'environnement, la fiabilité à haute et basse température
    - la standardisation de fonctions répétitives
    - La compétitivité des coûts
- L'amélioration des performances des électrets en champ généré et en tenue dans le temps.
- Recherche de nouveaux agents de couplages multifonctionnels afin d'accroître la compatibilité entre la matrice et les particules pour l'amélioration des propriétés de conversion de nos matériaux.
- La réalisation de µ-générateurs, de capteurs et de systèmes autoalimentés spécifiques
- Le contrôle vibratoire autoalimenté.
- Création des capteurs flexibles à effet Hall.

Liste des figures

Figure 1: Système de la montre Seiko Kinetic 16
Figure 2: µ-turbine de 8mm de diamètre [10] 17
Figure 3: Différents dispositifs proposés par l'entreprise Humdinger Wind Energy 18
Figure 4 Lampe torche utilisant un générateur électromagnétique 20
Figure 5 : Schéma d'un simple générateur électromagnétique. 21
Figure 6: Mesures effectuées au LETI 24
Figure 7: Schéma du µ-générateur électromagnétique. 25
Figure 8 : Convertisseur dans le plan à entrefer variable 28
Figure 9 : Convertisseur dans le plan à chevauchement variable[69] 28
Figure 10 : Convertisseur hors plan à entrefer variable[69] 29
Figure 11 : Convertisseur dans le plan à surface variable[69] 29
Figure 12. Cycles de fonctionnement des structures électrostatiques 29
Figure 13 : Evolution de la consommation de quelques circuits intégrés standards 31
Figure 14: Exemple de systèmes autoalimentés 33
Figure 15: µ-structure typique d'une surface céramique polie qui illustre les grains monocristallins, les joints de grains et les pores 36
Figure 16   (a) Contrainte-déformation pour différents matériaux électroactifs,[104] 42
Figure 17   . Gel ionique a l'état initial (a) et une fois active (b) ; Les flèches indiquent le sens de la déformation. 44
Figure 18. Principe de fonctionnement d'un IPMC (a) Répartition des ions à l'état initial (b) Répartition des ions suite à l'application d'un voltage (c) Flexion de l'IPMC   (d) Retour à l'état initial.[107] 45
Figure 19. Exemple de pince composée de quatre bras indépendants réalisés en IPMC. ... 46
Figure 20 : µ-origami à base de polymère conducteur ,... 46
Figure 21: Représentation schématique d'un polymère ferroélectrique semi- cristallin..... 47
Figure 22 Schéma d'actionnement de type flexion obtenu avec un polymère ferroélectrique : dans l'état initial (partie gauche) et dans l'état actionne (partie droite). 48
Figure 23: Schéma représentant (a) la structure d'une chaîne PU segmentée en copolymère à blocs, souple et rigide, et (b) la séparation en deux domaines de phases dans la totalité du matériau polymère[122] 53
Figure 24 :Evolution temporelle de la densité de charge surfacique 55
Figure 25: Spectre de décharge thermique duCYTOP a) pour différentes masses 56
Figure 26 : Polypropylène (PP) 57
Figure 27 : Les différentes structures de nano-renfort.. 59
Figure 28   : Evolution schématique des propriétés électriques dans un système binaire percolant... 60
Figure 29: Principe d'élaboration des nanocomposites 63
Figure 30 : Applicateur de film à lame réglable d'Elcometer ® 3700 / 3 permettant le dépôt d'un film liquide à partir d'une solution visqueuse sur une plaque en verre à surface lisse. 64
Figure 31: Schéma représentant la technique « Spin-coating ». 64
Figure 32: Polarisation avec effet Corona.. 67

Figure 33. Potentiel de surface identique   répartition des charges identiques 68
Figure 34: Model 542A Series Electrostatic Voltmeter 69
Figure 35. Courbes de décroissance de potentiel pour différents polymères 71
Figure 36 : La microscopie électronique à balayage 72
Figure 37: principe de fonctionnement du comportement mécanique 73
Figure 38: Banc de mesure SOLATRON laboratoire MATAIS. 79
Figure 39 : DSC thermogramme pour les composites à base de polyuréthane chargé à 1 % de carbone .... **Erreur ! Signet non défini.**
Figure 40 : Cycle à réaliser avec un matériau électrostrictif pour la récupération d'énergie ..82
Figure 41 Système hybride de multicouches 85
Figure 42 : Système hybride combinant polymère et électret 85
Figure 43 : Géométrie des orientations des axes de références. 87
Figure 44 : Principe de la caractérisation de la puissance récupérée. 90
Figure 45: Illustration de la Newport : a) Configuration de l'échantillon ; b) Principe de fonctionnement 92
Figure 46 : Le courant et la déformation en fonction du temps 93
Figure 47 : Courant de court-circuit en fonction du champ de l'électret à une déformation constante S_1=2.5% à f= 3 Hz 94
Figure 48 : I=f(S_1) Courant de court-circuit en fonction de la déformation pour un champ électrique de 8000 V/m à 3Hz 95
Figure 49 : I=f(f) Courant de court-circuit en fonction de la fréquence pour un champ électrique de 8000 V/m à S_1=2.5% 95
Figure 50 : $P_{harvested}$=f(R). Puissance récupérée en fonction de la résistance électrique pour un champ électrique statique E_3=8KV/m et une déformation de S_1=2.5% à f=2Hz. 96
Figure 51 : Procédure de fabrication de la nouvelle architecture. 98
Figure 52 : Schéma des deux architectures 100
Figure 53 : Maillage de la structure 101
Figure 54 : Modélisation de la distribution du champ électrique (a) contour dans la structure ANSYS, (b) vecteur dans la structure ANSYS. 102
Figure 55 : Schéma des deux structures hybrides. 103
Figure 56 : (a) Déformation en fonction du temps; (b) Courant de court-circuit des deux architectures en fonction du temps. 104
Figure 57 : I=f(f) Courant de court-circuit en fonction de la fréquence pour un champ électrique de 30KV/m à S_1=2.5% pour les deux architectures. 105
Figure 58 : Comparaison des cycles de la conversion électromécanique pour deux architectures à 5 Hz 105
Figure 59 : Puissance récupérée en fonction de la résistance dans les deux architectures pour un champ électrique statique de 30 KV/m et une déformation constante 2.5%. 106
Figure 60 Le champ électrique en fonction de l'épaisseur de l'électret (d1) et du polymère (e) à une densité de charge constante σ_0 = - 0.3 µC/m². 108
Figure 61 Puissance récupérée en fonction de l'épaisseur de l'électret (d_1) et du polymère (e) à une densité de charge constante σ_0 = - 0.3 µC/m². 108
Figure 62 : I=f(f) Courant de court-circuit en fonction de la fréquence pour des épaisseurs d'électrets de 10, 20 et 30 µm à un champ électrique de 30KV/m à S_1=2.5% et l'épaisseur du polymère e=50µm. 109
Figure 63 I=f(f) Courant de court-circuit en fonction de la fréquence pour des épaisseurs de PU de 84, 53,41 et 22 µm à un champ électrique de 30KV/m à S_1=2.5% et l'épaisseur du polymère d_1= 20µm. 110

Figure 64 I=f(S_1) Courant de court-circuit en fonction de la déformation (S_1) pour des épaisseurs d'électrets de 10, 20 et 30 µm pour un champ électrique de 30 KV/m à 3Hz et e=50µm..110

Figure 65 : I=f(S_1) Courant de court-circuit en fonction de la déformation (S_1) pour des épaisseurs de PU de 84, 53, 41 et 22 µm pour un champ électrique de 30 KV/m à 3Hz et d_1= 20µm..111

Figure 66 : La constante diélectrique ε_r en fonction de l'épaisseur des films de PU88A de 10–200 µm pour différentes fréquences [92]...112

Figure 67 : P=f(R). Puissance récupérée en fonction de la résistance électrique pour des épaisseurs d'électrets de 10, 20 et 30 µm pour un champ électrique statique E=30 KV/m et une déformation de S_1=2.5% à f=4Hz..112

Figure 68 : P=f(R). Puissance récupérée en fonction de la résistance électrique des épaisseurs de PU de 84, 53,41 et 22 µm pour un champ électrique statique E=30 KV/m et une déformation de S_1=2.5% à f=4Hz..113

Figure 69 : I=f(f) Courant de court-circuit en fonction de la fréquence pour un champ électrique de 30 KV/m à S_1= 2.5% pour les différents composites..............................114

Figure 70 : P=f(R). Puissance récupérée en fonction de la résistance électrique pour un champ électrique statique E=30 KV/m et une déformation de S_1=0.5% à f=4Hz................115

Figure 71 : Densité de puissance en fonction de la permittivité relative...................116

Figure 72 : Images MEB en basse tension de cryofractures du composite P(VDF–TrFE–CFE) avec 3%v µ-particules Cu ; Bonne dispersion des particules dans toute la matrice............118

Figure 73 : Images MEB en basse tension de cryofractures du composite P(VDF–TrFE–CFE) avec 3%v nanoparticules Cu ; Bonne dispersion des particules dans toute la matrice.........118

Figure 74 : Permittivité diélectrique en fonction de la fréquence pour le Terpolymère chargé avec du Cu...120

Figure 75 I=f(f) Courant de court-circuit en fonction de la fréquence pour un champ électrique de 30KV/m à S_1=2.5%..120

Figure 76 P=f(R). Puissance récupérée en fonction de la résistance électrique pour un champ électrique statique E=30 KV/m et une déformation de S_1=2.5% à f=2Hz.................121

Liste des tableaux

Tableau 1 : Récupération d'énergie vibratoire – Systèmes électromagnétiques. 22
Tableau 2: Puissance générée et récupérable à partir de mouvement de la vie quotidienne. 23
Tableau 3. Récupération d'énergie vibratoire – Systèmes piézoélectriques 27
Tableau 4. Récupération d'énergie vibratoire – Systèmes électrostatiques 30
Tableau 5. Comparaison entre les PEAs et les céramiques électroactives [100]..........................38
Tableau 6. Classification des polymères électroactifs selon leur mode d'actionnement [90]..........39
Tableau 7 illustre les avantages et les inconvénients des PEAs électroniques et ioniques tel que décrit par Bar Cohen [90] 40
Tableau 8 : La densité et la taille des charges 61
Tableau 9 : Matériaux possédant de bonnes propriétés d'électrets 70
Tableau 10 : Propriétés des polymères utilisés 78
Tableau 11 : Caractéristiques des films 99
Tableau 12 Paramètre utiliser pour la modélisation 107
Tableau 13 : Propriété des polymères utilisés 115
Tableau 14 : Comparaison des puissances pour différentes composites 116
Tableau 15 : Comparaison des puissances pour différentes composites 122

Référence Bibliographiques :

[1] O. Kanoun And H.-R. Tränkler, "Energy-Management For Power Aware Portable Sensor Systems," In Proc. Imtc 2006 -Instrumentation And Measurement Technology Conference, 2006, Pp. 1673 - 1678.

[2] J. P. Thomas, M. A. Qidwai, And J. C. Kellogg, "Energy Scavenging For Small-Scale Unmanned Systems," Journal Of Power Sources, Vol. 159, Pp. 1494-1509, 2006.

[3] P. Woias, Y. Manoli, T. Nann, And F. V. Stetten, "Energy Harvesting For Autonomous Microsystems," Mst News, Pp. 42 - 45, 2005.

[4] Microstrain, Microstrain: Orientation Sensors - Wireless Sensors, Microstrain, Williston, Vt [Online] Available: Http://Www.Microstrain.Com

[5] P. Woias, Y. Manoli, T. Nann, And F. V. Stetten, "Energy Harvesting For Autonomous Microsystems,"Mst News, Pp. 42 - 45, 2005

[6] J. Charley, Dynamique De Structures Complexes Hydroacoustique Et Couplage Fluide Structure, Habilitation A Diriger Des Recherches, Université Des Sciences Et Techniques De Lille, 2001.

[7] C.E. Reimers, L.M. Tender, S. Fertig And W. Wang, Harvsesting Energy From The Marine Sediment-Water Interface, Oregon State University & Naval Research Laboratory, Environ. Sci. Techol., 35 (2001) 192-195.

[8] A. Heller, Implantable Biofuel Celle Electrodes, Texas Univ. At Austin, Final Report 1, Report Number: A277304, 2002.

[9] D.Graham-Rowe, Self-Sustaining Killer Robot Create A Stink, University Of Bristol, New Scientist, 2004

[10] Y.Hamakawa, 30 Years Trajectory Of A Solar Photovoltaic Research. In 3rd World Conference On Photovoltaic Energy Conversion, 2003.

[11] S. Roundy, P.K. Wright, And J.M. Rabaey. A Study Of Low Level Vibration As A Power Source For Wireless Sensor Nodes. Computer Communications, 26:1131-1144, 2003.

[12] L. Carlioz, "Générateur Piézoélectrique A Déclenchement Thermo-Magnétique," Ph.D. Dissertation, Institut Polytechnique De Grenoble, 2009.

[13] Seiko, Tech. Rep., Http://Www.Seiko.Fr/Les_Mouvements/1988-Kinetic.Php

[14] M. Lossec, B. Multon, And H. B. Ahmed, "Micro-Kinetic Generator: Modeling, Energy Conversion Optimization And Design Considerations," Proc Of The 15th Ieee Mediterranean Electrotechnical Conference (Melecon), 2010.

[15] H. Raisigel, O. Cugat, And J. Delamare, "Permanent Magnet Planar Micro-Generators," Sensors And Actuators A: Physical, Vol. 130-131, Pp. 438 – 444, 2006.

[16] Maxime Defosseux Conception Et Caractérisation De Microgénérateurs Piézoélectriques Pour Microsystèmes Autonomes. Phd Thesis, Université De Grenoble, 2006.

[17] Humdinger Wind Energy, Tech. Rep. Available: Http://Www.Humdingerwind

[18] Maxime Defosseux Conception Et Caractérisation De Microgénérateurs Piézoélectriques Pour Microsystèmes Autonomes. Phd Thesis, Université De Grenoble, 2006.

[19] Jean-Jacques Chaillout, De La Simulation .... A La Récupération, Hdr, 2007

[20] A.Kribus, A High Efficiency Triple Cycle For Solar Power Generation, Weizmann Inst. Ofsci., Rehovot, Palestine Solar Energy, 72 (2002) 1-11.

[21] V.P. Makhiy And M.V. Demych, Properties Of Photoconverters With Active Layer Of Cadminium Telluride Containing An Isovalent Impurity Of Oxygen, Telecommunications And Radio Engineering, 55 (2001) 73-75.

[22] R.S. Dimatteo, P. Greiff, S.L. Finberg, K.A Young-Whaite, H.K.H. Choy, M.M. Masaki And C.G. Fonstad, Micron-Gap Thermophotovoltaics (Mptv), Mit, 5th Conference On Thermophotovoltaic Generation Electricity, (2003) 232-240.

[23] N.P. Harder And M.A. Green, Thermophotonics, Univ. Of New South Wales, Sydney, Australia, Semiconducor-Science-And- Thecnology, 2003.

[24] Bouhadjar Ahmed Seddik, Systèmes De Récupération De L'énergie Vibratoire Large Bande. Phd Thesis, Université De Grenoble, 2012.

[25] Site Internet: Http://Www.Wikipedia.Org

[26] Adrien Badel, Récupération D'énergie Et Contrôle Vibratoire Par Eléments Piézoélectriques Suivant Une Approche Non Linéaire. Phd Thesis, Université De Savoie, 2008

[27] A. Amirtharajah, The Interface Between Filtration And Backwashing, Water Research, Volume 19, Issue 5, 1985, Pages 581-588, Issn 0043-1354, Http://Dx.Doi.Org/10.1016/0043-1354(85)90063-6.

[28] R. Amirtharajah, A.P. Chandrakasan, Self-Powered Signal Processing Using Vibration-Based Power Generation, Ieee Journal Of Solid-State Circutis, Vol. 33(5) : 687-695, Mai 1998

[29] Hynek Raisigel, Micro-Générateur Magnétique Planaire Et Micro-Convertisseur Intègre. Phd Thesis, Inp Grenoble, 2006.

[30] W. J. Li, T. C. H. Ho, G. M. H. Chan, P. H. W. Leong, And H. Y. Wong, "Infrared Signal Transmission By A Laser-Micromachined, Vibration-Induced Power Generator," Presented At Circuits And Systems, 2000. Proceedings Of The 43rd Ieee Midwest Symposium On, 2000.

[31] M. El-Hami, P. Glynne-Jones, N. M. White, M. Hill, S. Beeby, E. James, A. D. Brown, And J. N. Ross, "Design And Fabrication Of A New Vibration-Based Electromechanical Power Generator," Sensors And Actuators A: Physical, Vol. 92, Pp. 335-342, 2001.

[32] Ching-Tai Lin, Radar Pulse Compression And Electromagnetic Interference (Emi),1991.

[33] E. P. James, M. J. Tudor, S. P. Beeby, N. R. Harris, P. Glynne-Jones, J. N. Ross, And N. M. White, "An Investigation Of Self-Powered Systems For Condition Monitiring Applications," Sensors And Actuators A: Physical, Vol. 110, Pp. 171-176, 2004.

[34] H. Kulah And K. Najafi, "An Electromagnetic Micro Power Generator For Low-Frequency Environmental Vibrations," Accepted To Mems 2004, Maastricht, Netherlands, January 2004.

[35] Beeby S.P., O'donnell T., Saha C., Tudor M.J., Scaling Effects For Electromagnetic Vibrational Power Generators, Symposium On Design, Test, Integration And Packaging Of Mems/Moems (Dtip'06), Stresa Lagor Maggiore, Italy, 2006.

[36] Sari, I.; Balkan, T. ; Kulah, H., An Electromagnetic Micro Power Generator For Low-Frequency Environmental Vibrations Based On The Frequency Upconversion Technique 10.1109/Jmems.2009.2037245, 2010

[37] Torah, R, Beeby, S, Tudor, M, O'donnell, T And Roy, S ,Kinetic Energy Harvesting Using Microscale Electromagnetic Generators. At *Micromechanics Europe, Southampton,* (2006)

[38] Yuen, H.P.: Phys. Rev. A, **13**, 2226 (1976)

[39] S.V. Kulkarni, Satendra Kumar, Dolly Rani, M. R. Kulkarni, S.V. Desai, R.K. Rajawat, K.V. Nagesh, And D.P. Chakravarty, Application Of Electromagnetic Impact Technique For Welding Copper-To-Stainless Steel Sheets, International Journal Of Advanced Manufacturing Technology, Accepted October 4, 2010.

[40] J.L. Gonzalez, A. Rubio, And F. Moll. A Prospect On The Use Of Piezoelectric Effect To Supply Power Wearable Electronic Devices. International Journal Of The Society Of Materials Engineering For Resources, 10: 34-40, 2002.

[41] Guy Waltisperger, Architectures Intégrées De Gestion De L'énergie Pour Les Microsystèmes Autonomes. Phd Thesis, 2011

[42] Roundy S., Wright P.K., Rabaey J., A Study Of Low Level Vibrations As A Power Source For Wireless Sensor Nodes, Elsevier Computer Communications, Ubiquitous Computing, 2003, Vol. 26, N° 11, P. 1131-1144.

[43] Skandar Basrour, Architectures Intégrées De Gestion De L'énergie Pour Les Microsystèmes Autonomes. Phd Thesis, 2011.

[44] Despesse G., Jager T., Chaillout J.J., Leger J.-M., Basrour S., Design And Fabrication Of A New System For Vibration Energy Harvesting, Ieee Phd, Research In Microelectronics And Electronics, 2005, Vol. 1, P. 225-228. Doi : 10.1109/Rme.2005.1543034.

[45] Emmanuelle Arroyo, Récupération D'énergie A Partir Des Vibrations Ambiantes Dispositif Electromagnétique Et Circuit Electro- Nique D'extraction Synchrone, . Phd Thesis, Université De Grenoble, 2006

[46] O'donnell T., Saha C., Beeby S.P., Tudor M.J., Scaling Effects For Electromagnetic Vibrational Power Generators, Symposium On Design, Test, Integration And Packaging Of Mems/Moems (Dtip'06), Stresa Lagor Maggiore, Italy, 2006.

[47] Beeby S.P., Torah R.N., Tudor M.J., Glynne-Jones P., Donnel T.O., Saha C.R., Roy S., A Micro Electromagnetic Generator For Vibration Energy Harvesting, Institute Of Physics Publishing, J. Of Micromech. Microeng. 17 (2007) 1257–1265. Doi : 10.1088/0960-1317/17/7/007.

[48] Pierre-Jean Cottinet Actionnement Et Récupération D'énergie A L'aide De Polymères Electroactifs. Phd Thesis, Insa De Lyon, 2008.

[49] S. Roundy, Energy Scavenging For Wireless Sensor Nodes With A Focus On Vibration To Electricity Conversion, Thesis, University Of California, Berkeley, 2003

[50] E. S. Leland, Elaine M. Lai, Paul K. Wright, A Self-Powered Wireless Sensor For Indoor Environmental Monitoring, Symposium, 2004

[51] T. H. Ng And W. H. Liao, Sensitivity Analysis And Energy Harvesting For A Self-Powered Piezoelectric Sensor, Journal Of Intelligent Material Systems And Structures, Vol. 16, Pp.785-797, 2005

[52] M. Ericka, D. Vasic, F. Costa, G. Poulin, S. Tliba, Energy Harvesting From Vibration Using A Piezoelectric Membrane, J.Phys. Iv France, Vol. 128, Pp.187–193, 2005

[53] Hua-Bin Fang, Jing-Quan Liu, Zheng-Yi Xu, Lu Dong, A Mems-Based Piezoelectric Power Generator For Low Frequency Vibration Energy Harvesting, Chin. Phys .Lett., Vol. 23, No. 3, Pp.732-734, 2006

[54] E. S Leland, P. K Wright, Resonance Tuning Of Piezoelectric Vibration Energy Scavenging Generators Using Compressive Axial Preload, Smart Mater. Struct. Vol. 15, Pp.1413–1420, 2006

[55] J. Frank, Low-Cost Vibration Power Harvesting For Industrial Wireless Sensors, Doe Sensors & Automation Annual Portfolio Review, 2006

[56] M. Marzencki, Conception De Microgénérateurs Intégrés Pour Systèmes Sur Puce Autonomes, Thèse, Ujf, 2007

[57] M. Renaud, T. Sterken, A. Schmitz, P. Fiorini, C. Van Hoof, R. Puers, Piezoelectric Harvesters And Mems Technology: Fabrication, Modeling And Mesurements, Proc. Solid-State Sensors, Actuators And Microsystems, Pp.863-873, 2007

[58] F. Goldschmidtböing, B. Müller, P. Woias, Optimization Of Resonant Mechanical Harvesters In Piezopolymer-Composite Technology, Proc. Powermems2007, Pp.49-51, 2007

[59] E.S. Leland, P.K. Wright, R.M. White, Design Of A Mems Passive, Proximity-Based Ac Electric Current Sensor For Residential And Commercial Loads, Proc. Powermems, Pp.77-80, 2007

[60] M. Huang, K.E. Tzeng, R.S. Huang, A Silicon Mems Micro Power Generator For Wearable Micro Devices, J. Chin. Inst. Eng, 30, Pp.133-140, 2007

[61] E. Lefeuvre Et Al., A Comparison Between Several Approaches Of Piezoelectric Energy Harvesting, Journal Of Physics 128, Pp.177-186, 2005

[62] R. Elfrink Et Al., First Autonomous Wireless Sensor Node Powered By A Vacuum-Packaged Piezoelectric Mems Energy Harvester, International Electron Devices Meeting, Pp. 543-546, 2009

[63] Y.K. Ramadass And A.P. Chandrakasan, An Efficient Piezoelectric Energy Harvesting Interface Circuit Using A Bias-Flip Rectifier And Shared Inductor, Isscc Dig. Tech. Papers, Pp. 296-297, 2009.

[64] D. Kwon And G.A. Rincon-Mora, A Single-Inductor Ac-Dc Piezoelectric Energy-Harvester/Battery-Charger Ic Converting ±(0.35 To 1.2v) To (2.7 To 4.5v), Isscc Dig. Tech. Papers, Pp.494-496, 2010.

D. Guyomar Et Al., Piezoelectric Energy Harvesting Circuit Using A Synchronized Switch Technique, Proc. Smeba, 2004

[66] S. Roundy, P. K. Wright, K. S. J. Pister, Micro-Electrostatic Vibration-To-Electricity Converters, Asme International Mechanical Engineering Congress & Exposition, 2002.

[67] Lhomme Walter, Gestion D'énergie De Véhicules Electriques Hybrides Basée Sur La Représentation Energétique Macroscopique, Université Des Sciences Et Technologies De Lille, 2007

[68] R. Tashiro, N. Kabei, K. Katayama, E. Tsuboi, K. Tsuchiya, Development Of An Electrostatic Generator For A Cardiacpacemaker That Harnesses The Ventricular Wall Motion, Journal Of Artificial Organs, Vol. 5, Pp.239-245, 2002

[69] Sebastien Boisseau, G. Despesse, A. Sylvestre, Electret-Based Cantilever Energy Harvester: Design And Optimization, *Powermems*, Leuven : Belgium (2010)

[70] M. Meddad, A. Eddiai, A. Hajjaji, D. Guyomar, S. Belkhiat, Y. Boughaleb, A. Chérif, "Lowest Of Ac-Dc Power Output For Electrostrictive Polymers Energy Harvesting Systems". Optical Materials, Vol. 36, Pp. 80 - 85 (2014)..

[71] R. Tashiro, N. Kabei, K. Katayama, E. Tsuboi, K. Tsuchiya, Development Of An Electrostatic Generator For A Cardiacpacemaker That Harnesses The Ventricular Wall Motion, Journal Of Artificial Organs, Vol. 5, Pp.239-245, 2002

[72] S. Roundy, Energy Scavenging For Wireless Sensor Nodes With A Focus On Vibration To Electricity Conversion, Thesis, University Of California, Berkeley, 2003

[73] P. Mitcheson, T.C. Green, E. M. Yeatman, A. S. Holmes, Architectures For Vibration-Driven Micropower Generators, J.Of Microelect. Systems Vol.13, Pp.429-440, 2004

[74] B. Chih-Hsun Yen, Vibration-To-Electric Conversion Using A Mechanically-Varied Capacitor, Master Of Science Thesis Document, Mit, 2005

[75] Despesse G., Jager T., Chaillout J.J., Leger J.-M., Basrour S., Design And Fabrication Of A New System For Vibration Energy Harvesting, Ieee Phd, Research In Microelectronics And Electronics, 2005, Vol. 1, P. 225-228. Doi : 10.1109/Rme.2005.1543034.

[76] P Basset *Et Al* 2009 *J. Micromech. Microeng.* 19 115025 Doi:10.1088/0960-1317/19/11/115025.

[77] M. Lallart. Amélioration De La Conversion Electroactive De Matériaux Piézoélectrique Et Pyroélectriques Pour Le Contrôle Vibratoire Et La Récupération D'énergie. Phd Thesis, Insa De Lyon, 2008

[78] J. M. H. Lee, S. C. L. Yuen, W. J. Li, And P. H. W. Leong. Development Of An Aa Size Energy Transducer With Micro Resonators. In 2003 International Symposium On Circuits And Systems Iscas '03, 2003.

[79] R. Amirtharajah And A. P. Chandrakasan. Self-Powered Signal Processing Using Vibrationbased Power Generation. Ieee Journal Of Solid-State Circuits, Vol. 33, Pp. 687-695, 1998.

[80] W. J. Li, T. C. H. Ho, G. M. H. Chan, P. H. W. Leong, And H. Y. Wong, "Infrared Signal Transmission By A Laser-Micromachined, Vibration-Induced Power Generator," Presented At Circuits And Systems, 2000. Proceedings Of The 43rd Ieee Midwest Symposium On, 2000.

[81] R. Amirtharajah And A. P. Chandrakasan. Self-Powered Signal Processing Using Vibrationbased Power Generation. *Ieee Journal Of Solid-State Circuits*, Vol. 33, Pp. 687-695, 1998.

[82] K. Yuse, D. Guyomar, Pj. Cottinet, D. Audigier, A. Eddiai, M. Meddad, Y. Boughaleb "Adaptive Control Of Stiffness By Electroactive Polyurethane" Journal Of Sensors And Actuators: A. Volume: 189   Pages: 80-85   Doi: 10.1016/J.Sna.2012.09.032   Published: Jan 15 2013

[83] S.N Suzuki ,A Proposal Of Electric Power Generating System For Implanted Medical Devices.

[84] Y. Bar-Cohen, Electroactive Polymer (Eap) Actuators As Artificial Muscles-Reality Potential And Challenges, Spie Press (2001).

[85] C. Jean-Mistral, Récupération D'énergie Mécanique Par Polymères Electroactifs Pour Microsystèmes Autonomes Communicants. Phd Thesis, Université Joseph Fourier Grenoble I (2008).

[86] R.H.C. Bonser, W.S. Harwin, W. Hayes, G. Jeronimidis, G.R. Mitchell, C. Santulli, *Eap-Based Artificial Muscles As An Alternative To Space Mechanisms*, Report Esa/Estec Contract No 18151/04/Nl/Mv, University Of Reading, Whiteknights, Reading Rg6 2ay (2004).

[87] Abdoun Slimani, Conception Et Modélisation D'un Capteur Acoustique. Phd Thesis, Université Des Sciences Et De La Technologie D'oran Algérie, 2010.

[88] Soufiane Soulimane, Conception Et Modélisation D'un Micro-Actionneur A Base D'élastomère Diélectrique. Phd Thesis, University Toulouse 3 Paul Sabatier, 2010.

[89] Hichem Nouira , Contribution A La Conception D'un Micrconvertisseur D'énergie Mécanique Vibratoire En Energie Electrique. Phd Thesis, Universite De Franche –Comte, 2008

[90] E. Rozniecka, G. Shul, J. Sirieix-Plenet, L. Gaillon, And M. Opallo, "Electroactive Ceramiccarbon Electrode Modified With Ionic Liquid," Electrochemistry Communications, Vol. 7, Pp.299–304, 2005.

[91] Benoit Poyet, Conception D'un Microscope A Force Atomique Métrologique. Phd Thesis, Université De Versailles Saint-Quentin En Yvelines,2010

[92] A. Eddiai, M. Meddad, S. Touhtouh, A. Hajjaji, Y. Boughaleb, D. Guyomar, S. Belkhiat, B. Sahraoui. "The Mechanical Characterization An Electrostrictive Polymer For Actuation And Energy Harvesting" Journal Of Applied Physics Volume: 111   Issue: 12 Article Number: 124115   Doi: 10.1063/1.4729532   Published: Jun 15 2012.

[93] Maria Joseph Bassil, Muscles Artificiels A Base D'hydrogel Electroactif . Phd Thesis, Universite De Lyon Et De L'universite Libanaise ,2009.

[94] Maria Joseph Bassil, Muscles Artificiels A Base D'hydrogel Electroactif . Phd Thesis, Universite De Lyon Et De L'universite Libanaise ,2009.

[95] W. Kuhn, B. Hargilay, A. Katchalsky, H. Eisenberg, *Reversible Dilation And Contraction By Changing The State Of Ionization Of High Polymer Acid Network*, Nature 165 (1950) 514-516.

[96] Y. Osada, J.P. Gong, And Y. Tanaka, *Polymer Gels*, Journal Of Macromolecular Science Part C-Polymer Reviews 44 (2004) 87–112.

[97] Q. M. Zhang, V. Bharti, X. Zhao, *Giant Electrostriction And Relaxor Ferroelectric Behavior In Electronirradiated Poly(Vinylidene Fluoridetrifluoroethylene) Copolymer*, Science 280 (1998) 2101 - 2104.

[98] S. Wax, R. Sands, *Electroactive Polymer Actuators And Devices*, Darpa Conference On Electroactive Polymer Actuators And Devices, California, Spie 3669 (1999).

[99] R. Pelrine, R. Kornbluh, J. Eckerle, P. Jeuck, S. Oh, Q. Pei, S. Stanford, *Dielectric Elastomer: Generator Mode Fundamentals And Applications*, Sri International, Usa Conference On Electroactive Polymer Actuators And Devices, Spie 4329 (2001).

[100] J. Kim, Y.B. Seo, *Electro-Active Paper Actuators*, Smart Materials And Structures 11 (2002) 355 - 360.

[101] Maria Joseph Bassil, Muscles Artificiels A Base D'hydrogel Electroactif. Phd Thesis, Universite De Lyon Et De L'universite Libanaise ,2009.

[102] J. Kim, S. Choe, *Electro-Active Papers: Its Possibility As Actuators*, Inha University, South Korea Conference On Electroactive Polymer Actuators And Devices, Spie 3987 (2000).

[103] J. Kim, Y.B. Seo, *Electro-Active Paper Actuators*, Smart Materials And Structures 11 (2002) 355 - 360.

[104] J. Kim, W. Jung, W. Craft, J. Shelton, K. D. Song, S. H. Choi, *Mechanical And Electrical Properties Of Electroactive Papers And Its Potential Application*, South Korea Conference On Electroactive Polymer Actuators And Devices, 5759 (2005).

[105] K.J Kim, M. Shahinpoor, *Ionic Polymer-Metal Composites: Ii Manufacturing Techniques*, Smart Materials And Structures 12 (2003) 65 - 79.

[106] Céline Christophe, Intégration De Microcapteurs Electrochi Miques En Technologies "Silicium Et Polymères" Pour L'étude Du Stress Oxydant. Application A La Biochimie Cutanée, Universite De Toulouse , 2010

[107] E. Smela, "Microfabrication Of Ppy Microactuators And Other Conjugated Polymer Devices,"*Journal Of Micromechanlical Microengeneiring*, Vol. 9, Pp. 1-18, 1999.

[108] Y. Lid, L. Oh, S. Fanning, B. Shapiro, And E. Smela, "Fabvrication Of Folding Microstructures Actuated By Polypyrrole/Gold Bilayer," Presented At The 12th International Conference Onsolid State Sensors, Aduators And Microsystems, Boston, 2003.

[109] A. Wu, E.-C. Venancio, And A.-G. Macdiarmid, "Polyaniline And Polypyrrole Oxygen Reversible Electrodes," *Synthetic Metals*, Vol. 157, Pp. 303–310, 2007.

[110] C. Schmidt, S. V., J. Vacant, And R. Langer, "Stimulation Of Neurite Outgrowth Using An Electrically Conducting Polymer," *Applied Biological Science*, Vol. 94, Pp. 8948–8953, 1997.

[111] M. G. Broadhurst, G. T. Davis, J. E. Mckinney And R. E. Collins. "*Piezoelectricity And Pyroelectricity In Polyvinylidene Fluoride – A Model*". October 1978, J.Appl.Phys. Vol.49(10), Pp 4992-4997.

[112] Elaboration Et Analyse Des Propriétés Physiques De Nanocomposites Hybrides Ferroélectriques, . Phd Thesis, University Toulouse 3 Paul Sabatier, 2008

[113] Q.-M. Zhang, V. Bharti, And X. Zhao, "Giant Electrostriction And Relaxor Ferroelectric Behavior In Electron-Irradiated Poly(Vinylidene Fluoride-Trifluoroethylene) Copolymer,"*Science*, Vol. 280, Pp. 2101-2104, 1998.

[114] Sebastien Boisseau, La Récupération D'énergie Vibratoire A Electrets. Phd Thesis, Grenoble,2011

[115] M. Lallart, P.-J. Cottinet, L. Lebrun, B. Guiffard, D. Guyomar, Journal of Applied Physics 108 (2010), art. no. 034901.

[116] Wongtimnoi Komkrisd. Polyuréthanes Electrostrictifs Et Nanocomposites : Caractérisation Et Analyse Des Mécanismes De Couplages Electromécaniques. Phd Thesis, Insa De Lyon, 2011.

[117] Abdallah Illaik , Synthèse Et Caractérisation De Nanocomposites Polymères / Hydroxydes Doubles Lamellaires (Hdl). Phd Thesis, University Blaise Pascal, 2008.

[118] Soufiane Soulimane, Conception Et Modélisation D'un Micro-Actionneur A Base D'élastomère Diélectrique. Phd Thesis, University Toulouse 3 Paul Sabatier, 2010.

[119] Maria Joseph Bassil, Muscles Artificiels A Base D'hydrogel Electroactif . Phd Thesis, Universite De Lyon Et De L'universite Libanaise ,2009.

[120] Wongtimnoi Komkrisd. Polyuréthanes Electrostrictifs Et Nanocomposites : Caractérisation Et Analyse Des Mécanismes De Couplages Electromécaniques. Phd Thesis, Insa De Lyon, 2011.

[121] F. Li, J. Hou, W. Zhu, X. Zhang, M. Xu, X. Luo, D. Ma, And B. K. Kim, Cristallinity And Morphology Of Segmented Polyurethanes With Different Soft-Segment Length, J. Appl. Polym. Sci., Vol. 62, P. 631-638, 1996.

[122] K. Nakamae, T. Nishino, S. Asaoka, And Sudaryanto, Microphase Separation And Surface Properties Of Segmented Polyurethanes - Effect Of Hard Segment Content, Int. J. Adhesion And Adhesives, Vol. 16(4), P. 233-239, 1996.

[123] A. Elidrissi, O. Krim, And S. Ousslimane, Effect Of Sequence Concentrations On Segmented Polyurethanes Properties, Pigment & Resin Technology, Vol. 37(2), P. 73-79, 2008

[124] C. H. Y. Chen, R. M. Briber, E. L. Thomas, M. Xu, And M. J. Macknight, Structure And Morphology Of Segmented Polyurethanes: 2. Influence Of Reactant Incompatibility, Polymer, Vol. 24, P. 1333-1340, 1983.

[125] C. S. Paik Sung And N. S. Schneider, Infra-Red Studies Of Hydrogen Bonding In Toluene Diisocyanate Based Polyurethanes, Acs Polym. Prep., Vol. 15(1), 625, 1974 ; Also Macromolecules, Vol. 8(1), 68, 1975.

[126] L. M. Leung And J. T. Koberstein, Dsc Annealing Study Of Microphase Separation And Multiple Endothermic Behavior In Polyether-Based Polyurethane Block Copolymers, Macromolecules, Vol. 19, P. 706 – 713, 1986.

[127] J. T. Koberstein And A. F. Galambos, Multiple Melting In Segmented Polyurethane Block Copolymers, Macromolecules, Vol. 25, P. 5618-5624, 1992.

[128] P. R. Laity, J. E. Taylor, S. S. Wong, P. Khunkamchoo, K. Norris, M. Cable, G. T. Andrews, A. F. Johnson, And R. E. Cameron, Morphological Changes In Thermoplastic Polyurethanes During Heating, J. Appl. Polym. Sci., Vol. 100, P. 779-790, 2006

[129] Z. S. Petrovic And J. Ferguson, Polyurethane Elastomers, Prog. Polym. Sci., Vol. 16, P. 695-836, 1991

[130] C. Prisacariu, E. Scortanu, And V. A. Prisacariu, Optimising Performance Of Polyurethane Elastomer Products Via Control Of Chemical Structure, Proceeding Of The World Congress On Engineering 2009, Vol. 2, 2009

[131] J. A. Miller, S.B. Lin, K.K.S. Hwang, K.S. Wu, P.E. Gibson And S.L. Cooper, Properties Of Polyether-Polyurethane Block Copolymers: Effects Of Hard Segment Length Distribution, Macromolecules, Vol. 18, P. 32–44, 1985

[132] C. S. Paik Sung And N. S. Schneider, Infra-Red Studies Of Hydrogen Bonding In Toluene Diisocyanate Based Polyurethanes, Acs Polym. Prep., Vol. 15(1), 625, 1974 ; Also Macromolecules, Vol. 8(1), 68, 1975.

[133] L. M. Leung And J. T. Koberstein, Dsc Annealing Study Of Microphase Separation And Multiple Endothermic Behavior In Polyether-Based Polyurethane Block Copolymers, Macromolecules, Vol. 19, P. 706 – 713, 1986

[134] B. Chu, X. Zhou, K. Ren, B. Neese, M. Lin, Q.Wang, F.Bauer, Q.M.Zhang, A Dielectric Polymer With High Electric Energy Density And Fast Discharge Speed,Science, Vol.313, 2006: 334-336

[135] Q.M. Zhang, V. Bharti, X. Zhao. «Giant Electrostriction And Relaxor Ferroelectric Behavior In Electronirradiated Poly(Vinylidene Fluoride-Trifluoroethylen) Copolymer.» Science, Vol.280, 1998: 2101-2104

[136] Y. Sakane, Y Suzuki, N. Kasagi; The Development Of A High-Performance Perfluorinated Polymer Electret And Its Application To Micro Power Generation" ; Journal Of Micromechanics And Microengineering 18, 104011 (2008).

[137] Yoshihiko Sakane, Yuji Suzuki, And Nobuhide Kasagi, Development Of High-Performance Purfluorinated Polymer Electret, Proc. 13th Ieee Int. Symp. Electrets(Ise13), Tokyo, (2008), P.13

[138] L. -L. Chua, J. Zaumseil, J. -F. Chang, E. C.-W. Ou, P. K.-H. Ho, H. Sirringhaus, And R. H. Friend, Nature (London) **434**, 194 (2005).

[139] J. Boland, C.-H. Chao, Y. Suzuki, And Y.-C. Tai,Proc. 16th Ieee Int. Conf. Mems, Kyoto,Pp.538-541, 2003

[140] T. Tsutsumino, Y. Suzuki, N. Kasagi, And Y. Sakane, Proc. 19th Ieee Int. Conf. Mems, Istanbul , Pp. 98-101,2006.

[141] Jean-Fabien Capsal , Elaboration Et Analyse Des Propriétés Physiques De Nanocomposites Hybrides Ferroélectriques. Phd Thesis, Université Toulouse Iii - Paul Sabatier, 2008.

[142] Q. Liu, L. Seveyrat, F. Belhora, D. Guyomar; Investigation Of Polymer-Coated Nano Silver / Polyurethane Nanocomposites For Electromechanical Applications, Journal Of Polymer Research Http://Dx.Doi.Org/10.1007/S10965-013-0309-Z

[143] B. Guiffard, L. Seveyrat, G. Sebald, And D. Guyomar, *Enhanced Electric Field-Induced Strain In Non-Percolative Carbon Nanopowder/Polyurethane Composites*, J. Phys. D: Appl. Phys. 39, 3053 (2006).

[144] S.R. Broadbent, J. M. Hammersley, Percolation Processes I. Crystals And Mazes, Proc. Camb. Phil. Soc. 53, Pp. 629-641, 1957.

[145] F. Carmona, F. Barreau, P. Delhaes. An Experimental Model For Studying The Effect Of Anisotropy On Percolative Conduction. J. Phys. Lett., 41, Pp. 531-534, 1980.

[146] C. Nan. Physics Of Inhomogeneous Inorganic Materials. Prog. Mat. Sci., Pp 1-116, 1993.

[147] D. Guyomar, P-.J. Cottinet, L. Lebrun, G. Sebald, "Characterization Of An Electroactive Polymer Simultaneously Driven By An Electrical Field And A Mechanical Excitation: An Easy Means Of Measuring The Dielectric Constant, The Young Modulus And The Electrostrictive Coefficients" Physics Letters A, Volume 375, Issue 16, P. 1699-1702 (2011)

[148] Q. M. Zhang, L. Hengfeng, P. Martin. An All-Organic Composite Actuator Material With A High Dielectric Constant. Nature, 419, 284-287, 2002.

[149] A. Qureshi, A. Mergen, M. S. Eroglu, N. L. Singh And A. Gulluoglu, *Dielectric Properties Of Polymer Composites Filled With Different Metals*. J. Macromol. Sci., Part A: Pure Appl. Chem. 45, 462 (2008).

[150] X. Y. Hung, P. K. Jiang And C. U. Kim, *Electrical Properties Of Polyethylene/Aluminum Nanocomposites*, J. Appl. Phys. 102, 12410 (2007).

[151] B. S. Mitchell, *An Introduction To Materials Engineering And Science For Chemical And Materials Engineers* (Wiley-Ieee, 2004).

[152] R. H. Schmidt, K. Mosbach, And K. Haupt, A Simple Method For Spin-Coating Molecularly Imprinted Polymer Films Of Controlled Thickness And Porosity, Adv. Mater., Vol. 16, P. 719-722, 2004.

[153] N. Ferrell And D. Hansford, Fabrication Of Micro- And Nanoscale Polymer Structures By Soft Lithography And Spin Dewetting, Macromol. Rapid Commun., Vol. 28, P. 966-971, 2007.

[154] P.J. Mckinney, J.H. Davidson Et P. Linnebur, "Three-Dimensional (3-D) Model Of Electric Field And Space Charge In The Barbed Plate-To-Plate Precipitator", Ieee Trans. Ind. Appl., Vol. Ia32 (1996), Pp. 858-866.

[155] Bassem Khaddour, Modélisation Du Champ Electrique Modifié Par La Charge D'espace Injectée, Institut National Polytechnique De Grenoble, 2006.

[156] W. Eisenmenger, M. Haardt, Observation Of Charge Compensated Polarization Zones In Polyvinylindenfluoride (Pvdf) Films By Piezoelectric Acoustic Step-Wave Response, Solid State Communications, Volume 41, Issue 12, March 1982, Pages 917-920, Issn 0038-1098.

[157] C. Prisacariu, E. Scortanu, And V. A. Prisacariu, Optimising Performance Of Polyurethane Elastomer Products Via Control Of Chemical Structure, Proceeding Of The World Congress On Engineering 2009, Vol. 2, 2009.

[158] J. Su, Q. M. Zhang, P. Wang, A. G. Macdiarmid, And K. J. Wynne, Preparation And Characterization Of Electrostrictive Polyurethane Films With Conductive Polymer Electrodes, Polym. Adv. Technol. 9, 317 (1998).

[159] C. Prisacariu, E. Scortanu, And V. A. Prisacariu, Optimising Performance Of Polyurethane Elastomer Products Via Control Of Chemical Structure, Proceeding Of The World Congress On Engineering 2009, Vol. 2, 2009.

[160] H T.Pham, O.Lesaint And P.Gonon, Anisotropy Of The Dielectric Properties Of Laminated Epoxy Insulation Subjected To Water Absorption, 2004 Annual Report On Conference On Electrical Insulation And Dielectric Phenomena (Ceidp), October 17-20, 2004, Colorado, Usa.

[161] S.H. Foulger, Electrical Properties Of Composite In The Vicinity Of The Percolation Threshold, J.Appl. Polym. Sci., 72, 1573, 1999.

[162] Hari Singh Nalwa, Ferroelectric Polymers Chemistry, Physics And Applications, (Marcel Dekker, Inc. 1995).

[163] Daniel Guyomar, Kaori YUSE, Masae Kanda, "Thickness Effect On Electrostrictive Polyurethane Strain Performances: A Three-Layer Model" Sensors & Actuators: A. Physical, Vol. 168, Issue 2, Pp. 307-312 (2011)

[164] Y. Liu, K. Pen, F. Hofmann, Q. Zhang, "Electrostrictive Polymers For Mechanical Energy Harvesting", Dep Of Electrical Engineering, Penn State University, Usa Conference On Electroactive Polymer Actuators And D Evices, San Diego, 2004 Spie Vol 538

[165] Y. Liu, K. L. Ren, H. F. Hofmann, Q. Zhang "Investigation Of Electrostrictive Polymers For Energy Harvesting" Pennsylvania State University, Usa Ieee Transaction On Ultrasonics, Ferroelectrics, And Frequency Control, Vol. 52, N. 12, 2005

[166] Claire Jean-Mistral, Récupération D'énergie Mécanique Par Polymères Electroactifs Pour Microsystèmes Autonomes Communicants ,2008,Université Joseph Fourier Grenoble I

[167] V. Sundar, R. E. Newnham, Anisotropy In Electrostriction And Elasticity, J. Mater. Sci. Lett, Vol. 13, P. 799-801, 1994.

[168] F. Belhora, P.-J. Cottinet, D. Guyomar, L. Lebrun, A. Hajjaji, M. Mazroui, Et Y. Boughaleb, « Hybridization Of Electrostrictive Polymers And Electrets For Mechanical Energy Harvesting », Sensors And Actuators A: Physical, Vol. 183, No 0, P. 50–56, Août 2012.

Oui, je veux morebooks!

I want morebooks!

Buy your books fast and straightforward online - at one of the world's fastest growing online book stores! Environmentally sound due to Print-on-Demand technologies.

Buy your books online at
www.get-morebooks.com

Achetez vos livres en ligne, vite et bien, sur l'une des librairies en ligne les plus performantes au monde!
En protégeant nos ressources et notre environnement grâce à l'impression à la demande.

La librairie en ligne pour acheter plus vite
www.morebooks.fr

SIA OmniScriptum Publishing
Brivibas gatve 197
LV-103 9 Riga, Latvia
Telefax: +371 68620455

info@omniscriptum.com
www.omniscriptum.com

Printed by Books on Demand GmbH, Norderstedt / Germany